SEO CERTIFICATION
TEST 3rd GRADE

2022・2023年版

SEO検定公式問題集

一般社団法人
全日本SEO協会 編

問題解説・過去問題2回付き!

3

JN045639

C&R研究所

■本書の内容について

● 本書は編集者が実際に操作した結果を慎重に検討し、著述・編集しています。ただし、本書の記述内容に関わる運用結果にまつわるあらゆる損害・障害につきましては、責任を負いませんのであらかじめご了承ください。

● 本書の内容についてのお問い合わせについて

　この度はC&R研究所の書籍をお買い上げいただきましてありがとうございます。本書の内容に関するお問い合わせは、「書名」「該当するページ番号」「返信先」を必ず明記の上、C&R研究所のホームページ(http://www.c-r.com/)の右上の「お問い合わせ」をクリックし、専用フォームからお送りいただくか、FAXまたは郵送で次の宛先までお送りください。お電話でのお問い合わせや本書の内容とは直接的に関係のない事柄に関するご質問にはお答えできませんので、あらかじめご了承ください。

〒950-3122 新潟県新潟市北区西名目所4083-6　株式会社 C&R研究所　編集部
FAX 025-258-2801
「SEO検定 公式問題集 3級 2022・2023年版」サポート係

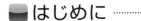

SEO検定3級試験はSEOを成功させるために不可欠な2つの重要ポイントを習得する検定試験です。

1つは、SEOをする上で最も重要なプロセスである目標キーワードの設定です。このことが重要である理由は、目標が間違っていたら仮に上位表示したとしても自社サイトに見込み客を集客することはできないからです。

2つ目の重要ポイントはサイト内部の技術的な改善方法を知ることです。サイト内部の改善方法を知ることは年々重要性を増してきています。なぜなら、Googleの度重なるシステム更新により、かつてのように外部サイトからのリンクを集めるだけで順位が上がるということはなくなったからです。

この大きな変化は2012年にGoogleが実施したペンギンアップデートにより起きました。むやみにリンクを集めるとサイトの検索順位が上がるどころか、Googleにペナルティーを与えられることになり逆効果になる時代が来ました。

その結果、これまで主にリンクを集めることによりSEOを成功させ検索ユーザーを集客してきた企業にSEOの実施方法の大幅な変更を強いることになりました。しかし、リンクを集める単純なSEOではなく、サイトの内部を技術的に改善して検索順位を上げることができる人材が不足しているのが現状です。そのため、多くの企業がスムーズな方針の変更が困難な状況にあります。

SEO検定3級のカリキュラムは、こうした企業からの要請に応える人材を育成するために作られました。このカリキュラムは企業の現場において、日々実験と検証を繰り返しノウハウ化された最新技術と海外の最先端の情報に裏付けされた技術体系です。

今、SEOを活用して集客しようとする企業が必要としている人材はGoogleがどのようにWebサイトの中身を評価しているのかを知り、検索順位アップのために自社サイトの内部要素の改善方法を熟知したSEO担当者です。本書がこれからSEO技術を習得し社会で大きく活躍しようとする方の一助になることを祈念します。

2022年2月

一般社団法人全日本SEO協会

本書の使い方

●チェック欄
自分の解答を記入したり、問題を解いた回数をチェックする欄です。合格に必要な知識を身に付けるには、複数回、繰り返し行うと効果的です。適度な間隔を空けて、3回程度を目標にして解いてみましょう。

●問題文
公式テキストに対応した問題が出題されています。左ページの問題と右ページの正解は見開き対照になっています。

SEO CERTIFICATION TEST 3rd GRADE

第1問

Q 次の文中の空欄 [ ] に入る最も適切な語句をABCDの中から1つ選びなさい。

[ ] の技術的な要因というのはタグの使い方、タグの中にどのようにキーワードを書くか、そしてWebページの中に何回、何%キーワードを書くかなどがある。

A：コンテンツ要因
B：企画・人気要素
C：外部要素
D：内部要素

第2問

Q 次の文中の空欄 [ ] に入る最も適切な語句をABCDの中から1つ選びなさい。

Googleは検索回数がどのくらいあるのか、そのデータを無償で公開している。検索回数だけではなく、その検索キーワードに関連する関連キーワードは何かも公開している。これらのデータは[ ] を使うと見ることができる。

A：Googleアナリティクス
B：Googleビジネスプロフィール
C：Googleキーワードプランナー
D：Googleサーチコンソール

　本書は、反復学習を容易にする一問一答形式になっています。左ページには、SEO検定3級の公式テキストに対応した問題が出題されています。解答はすべて四択形式で、右ページにはその解答と解説を記載しています。学習時には右ページを隠しながら、左ページの問題を解いていくことができます。

　解説欄では、解答だけでなく、解説も併記しているので、単に問題の正答を得るだけでなく、解説を読むことで合格に必要な知識を身に付けることもできます。

　また、巻末には過去2回分の本試験の問題と解答を収録しています。白紙の解答用紙も掲載していますので、試験直前の実力試しにお使いください。

●章タイトル
分野ごとに章分けしています。

第1章　検索キーワードの需要調査

正解　D：内部要素

●正解
本問の答えです。

　内部要素には、「技術要因」と「コンテンツ要因」2つの側面があります。

　技術要因というのはタグの使い方、タグの中にどのようにキーワードを書くか、そしてWebページの中に何回、何%キーワードを書くかなどがあります。

　コンテンツ要因というはコンテンツの量と質、特にコンテンツの独自性があるかどうかという情報の品質面の要因です。

●解説
正解を導くための
解説部分です。

正解　C：Googleキーワードプランナー

　Googleは検索回数がどのくらいあるのか、そのデータを無償で公開しています。検索回数だけではなく、その検索キーワードに関連する関連キーワードは何かも公開しています。これらのデータはGoogleキーワードプランナーを使うと見ることができます。検索ユーザーがどのようなキーワードで検索しているかを知る方法はいくつかありますが最もポピュラーな方法がGoogleキーワードプランナーを使うことです。

　https://adwords.google.co.jp/keywordplanner

SEO検定3級　試験概要

▐▌▌運営管理者

《出題問題監修委員》　　　東京理科大学工学部情報工学科　教授　古川利博

《出題問題作成委員》　　　一般社団法人全日本SEO協会　代表理事　鈴木将司

《特許・人工知能研究委員》　一般社団法人全日本SEO協会　特別研究員　郡司武

《モバイル技術研究委員》　アロマネット株式会社 代表取締役　中村義和

《構造化データ研究》　　　一般社団法人全日本SEO協会　特別研究員　大谷将大

▐▌▌受験資格

学歴、職歴、年齢、国籍等に制限はありません。

▐▌▌出題範囲

SEO検定3級公式テキストの第1章から第6章までの全ページ

SEO検定4級公式テキストの第1章から第6章までの全ページ

- 公式テキスト

  URL https://www.ajsa.or.jp/kentei/seo/3/textbook.html

▐▌▌合格基準

得点率80%以上

- 過去の合格率について

  URL https://www.ajsa.or.jp/kentei/seo/goukakuritu.html

▐▌▌出題形式

選択式問題　80問

試験時間　60分

▐▌▌試験形態

所定の試験会場での受験となります。

- 試験会場と試験日程についての詳細

  URL https://www.ajsa.or.jp/kentei/seo/3/schedule.html

▐▌▌受験料金

5,000円（税別）/1回（再受験の場合は同一受験料金がかかります）

▌ 試験日程と試験会場

- 試験会場と試験日程についての詳細

  URL https://www.ajsa.or.jp/kentei/seo/3/schedule.html

▌ 受験票について

受験票の送付はございません。お申し込み番号が受験番号になります。

▌ 受験者様へのお願い

試験当日、会場受付にてご本人様確認を行います。身分証明書をお持ちください。

▌ 合否結果発表

合否通知は試験日より14日以内に郵送により発送します。

▌ 認定証

認定証発行料金無料（発行費用および送料無料）

▌ 認定ロゴ

合格後はご自由に認定ロゴを名刺や印刷物、ウェブサイトなどに掲載できます。認定ロゴは
ウェブサイトからダウンロード可能です（PDFファイル、イラストレータ形式にてダウンロード）。

▌ 認定ページの作成と公開

希望者は全日本SEO協会公式サイト内に合格証明ページを作成の上、公開できます（プロ
フィールと写真、またはプロフィールのみ）。

- 実際の合格証明ページ

  URL https://www.zennihon-seo.org/associate/

目次 CONTENTS

第 1 章

検索キーワードの需要調査

第1問

Q 次の文中の空欄 [　] に入る最も適切な語句をABCDの中から1つ選びなさい。

1回目

2回目

[　] の技術的な要因というのはタグの使い方、タグの中にどのようにキーワードを書くか、そしてWebページの中に何回、何%キーワードを書くかなどがある。

3回目

A：コンテンツ要因

B：企画・人気要素

C：外部要素

D：内部要素

第2問

Q 次の文中の空欄 [　] に入る最も適切な語句をABCDの中から1つ選びなさい。

Googleは検索回数がどのくらいあるのか、そのデータを無償で公開している。検索回数だけではなく、その検索キーワードに関連する関連キーワードは何かも公開している。これらのデータは[　]を使うと見ることができる。

A：Googleアナリティクス

B：Googleビジネスプロフィール

C：Googleキーワードプランナー

D：Googleサーチコンソール

正解　D：内部要素

　内部要素には、「技術要因」と「コンテンツ要因」2つの側面があります。

　技術要因というのはタグの使い方、タグの中にどのようにキーワードを書くか、そしてWebページの中に何回、何%キーワードを書くかなどがあります。

　コンテンツ要因というはコンテンツの量と質、特にコンテンツの独自性があるかどうかという情報の品質面の要因です。

正解　C：Googleキーワードプランナー

　Googleは検索回数がどのくらいあるのか、そのデータを無償で公開しています。検索回数だけではなく、その検索キーワードに関連する関連キーワードは何かも公開しています。これらのデータはGoogleキーワードプランナーを使うと見ることができます。検索ユーザーがどのようなキーワードで検索しているかを知る方法はいくつかありますが最もポピュラーな方法がGoogleキーワードプランナーを使うことです。

　https://adwords.google.co.jp/keywordplanner

　GoogleアナリティクスはGoogleが無料で提供するWebサイトのアクセス解析ツールのことで、Googleビジネスプロフィール（旧Googleマイビジネス）はGoogle検索やGoogleマップなどで表示するビジネス情報、写真、クチコミへの返信などを行うことができるツールです。

　サーチコンソールはGoogleが自サイトをどのように評価しているのかとGoogleからの連絡事項を見ることができるツールです。

第3問

Q 次の文中の空欄 [　] に入る最も適切な語句をABCDの中から1つ選びなさい。

[　] が多いキーワードばかりを狙うのではなく、中くらいのものや少ないものも目標化して全体としてバランスのとれた目標を設定することがSEO成功の重要ポイントになる。

A：平均訪問者数
B：平均月間検索数
C：上位表示可能性
D：上位表示性

第4問

Q 次の文中の空欄 [　] に入る最も適切な語句をABCDの中から1つ選びなさい。

検索ユーザーがより短時間で探している情報を見つけやすいように補助するものを [　] と呼ぶ。

A：キーワードツール
B：キーワードプランナー
C：キーワードサジェスト
D：キーワードソフト

正解　B：平均月間検索数

　　短絡的に月間検索数が多いキーワードで上位表示を目指しても、競合他社のSEO担当者もGoogleキーワードプランナーを見ることができるので、彼らも同じキーワードで上位表示を目指している可能性があります。しかも、競合他社が何年も前から上位表示を目指して多くのSEOを施している場合、そうやすやすと彼らの順位を抜くことはできません。

　　不必要な競争を避けるためには、平均月間検索数が多いキーワードばかりを狙うのではなく、中くらいのものや少ないものも目標化して全体としてバランスのとれた目標を設定することがSEO成功の重要ポイントになります。

正解　C：キーワードサジェスト

　　キーワード予測とは、検索エンジンのキーワード入力欄に何らかのキーワードを入れるとそのキーワードを核にした複合キーワードを検索エンジンが自動的に複数表示するユーザーを補助する機能です。

　　キーワードサジェストとも呼ばれ、ユーザーがより短時間で探している情報を見つけやすいように補助するものです。通常上の方から順番に検索数が多いものが表示されるようになっています。

　　キーワードツール、キーワードソフトは検索エンジンユーザーがどのようなキーワードで検索しているかという検索ニーズを知るためのツールの一般名称です。キーワードプランナーはGoogleキーワードプランナーの略称です。

第5問

Q 次の文中の空欄 [ ] に入る最も適切な語句をABCDの中から1つ選びなさい。

[ ] を使うと入力したキーワードが書かれているWebページには他にどのようなキーワードが頻出するかをGoogleの検索結果上位50サイトから抽出した頻出キーワードを知ることができる。

A：サーチコンソール

B：共起語ツール

C：Googleキーワードプランナー

D：検索アナリティクス

正解　B：共起語ツール

　共起語ツールを使うと、入力したキーワードが書かれているWebページには他にどのようなキーワードが頻出するかをGoogleの検索結果上位50サイトから抽出した頻出キーワードを知ることができます。これを見れば他のどのようなキーワードを狙うといいかの参考になります。

http://neoinspire.net/cooccur/

　サーチコンソールはGoogleが自サイトをどのように評価しているのかとGoogleからの連絡事項を見ることができるツールです。

　GoogleキーワードプランナーはGoogle公式の無料ツールで、広告を掲載するための入札単価やキーワードの月間検索数（検索ボリューム）などが調べられるツールです。

　検索アナリティクスは現在「検索パフォーマンス」と呼ばれており、サーチコンソール内で見ることができるGoogle検索の検索結果ページ上での自サイトの成績を確認できる機能です。

第6問

Q 次の文中の空欄 [ ] に入る最も適切な語句をABCDの中から1つ選び
なさい。

GoogleやYahoo! JAPANの検索結果ページに表示されているサイトへの
リンクをクリックしてリンク先のWebページの [ ] を見ると、そこには競合
他社が意識的にページ内に書き込んで上位表示を目指しているキーワー
ドが多数、見つかることがある。

A：ALT属性
B：サイドメニュー
C：フッター
D：ソース

第7問

Q 次の文中の空欄 [ ] に入る最も適切な語句をABCDの中から1つ選び
なさい。

Googleは「not provided」と表示されており、そこに大半の流入キーワー
ドのデータが隠されていたという問題を解決するために2015年にサーチコ
ンソール内に新しく [ ] という機能を追加して、これまで秘密のベールに
隠されていた「not provided」とだけ表示されていた大量のキーワードを
見られるようにした。

A：Googleコンソール
B：共起語ツール
C：Googleキーワードプランナー
D：検索パフォーマンス

正解　D：ソース

　検索結果ページに表示されているサイトへのリンクをクリックしてリンク先のWebページのソースを見ると、そこには競合他社が意識的にページ内に書き込んで上位表示を目指しているキーワードが多数、見つかることがあります。

　ソースとはソースコードの略で、コンピュータプログラムのうちプログラミング言語で記述された、人間が理解・編集しやすい形式のテキストデータのことです。

　ALT属性（オルト属性）とはブラウザで画像等の要素が表示できないときに、代わりに表示されるテキストを指定するために使われるものです。また、スクリーンリーダーでの読み上げの際に、ALT属性で設定した代替テキストが読み上げられるようにするためのものです。

　サイドメニューとはサイドナビとも呼ばれ、Webページの右側や左側にあるメニュー部分のことをいい、フッターとはWebページの下部のエリアで、定型のリンクや情報が表示される部分です。

正解　D：検索パフォーマンス

　Googleアナリティクスの流入キーワードのデータには大きな問題がありました。その大きな問題というのは流入キーワードランキングの1位が「not provided」と表示されており、そこに大半の流入キーワードのデータが隠されていたという問題でした。

　Googleはこの問題を解決するために2015年にサーチコンソール内に新しく「検索パフォーマンス（旧 検索アナリティクス）」という機能を追加してこれまで秘密のベールに隠されていた「not provided」とだけ表示されていた大量のキーワードを見られるようにしました。

　検索パフォーマンスはサーチコンソールにログインをして左サイドメニューにある「検索パフォーマンス」を選択すると利用できます。

第8問

 Q 次の文中の空欄［　］に入る最も適切な語句をABCDの中から1つ選びなさい。

1回目

2回目

3回目

　シミラーウェブのデータは世界の有名インターネットプロバイダーから購入したネットユーザーの行動履歴や、無数の無料ソフトをインストールしたユーザーの行動履歴などを収集、解析して作られたもので、［　］を使ったGoogleアナリティクスなどのアクセス解析ログでは収集ができないデータまで、かなりの精度の高さで記録することができるものである。

A：行動データ

B：クッキー技術

C：調査データ

D：データ解析

第9問

 Q 次の文中の空欄［　］に入る最も適切な語句をABCDの中から1つ選びなさい。

 ［　］を使えば自社サイトだけではなく、競合他社のサイトにYahoo! JAPAN、Google、Microsoft Bingなどの検索エンジンからどのようなキーワードでユーザーが検索して訪問に至ったのかを知ることができる。

 A：キーワードプランナー

B：サーチコンソール

C：アナリティクス

D：シミラーウェブ

正解　B：クッキー技術

　シミラーウェブ無料版と、シミラーウェブ有料版は競合他社のサイトや自社サイトのデータを提供しています。データは世界の有名インターネットサービスプロバイダー（ISP）から購入したネットユーザーの行動履歴や、無数の無料ソフトをインストールしたユーザーの行動履歴などを収集、解析して作られたもので、クッキー技術を使ったGoogleアナリティクスなどのアクセス解析ログでは収集ができないデータまで、かなりの精度の高さで記録することができるものです。

　このソフトを使えば自社サイトだけではなく、競合他社のサイトにYahoo! JAPAN、Google、Microsoft Bingなどの検索エンジンからどのようなキーワードでユーザーが検索して訪問に至ったのかを知ることができます。

正解　D：シミラーウェブ

　シミラーウェブを使えば自社サイトだけではなく、競合他社のサイトにYahoo! JAPAN、Google、Microsoft Bingなどの検索エンジンからどのようなキーワードでユーザーが検索して訪問に至ったのかを知ることができます。

　そして、競合他社のサイトがどのような検索キーワードで集客しているかを知れば、自社サイトもそうした検索キーワードで上位表示することによりこれまで以上に自社サイトのアクセスを増やすことが目指せるようになります。

第10問

Q デジタルツールは確かに便利だが、手軽に使えるということは競合他社も使っていることが多く、自社の競争優位性を担保するものではない。より自社の競争優位性を確保するためには競合他社が使いづらいツール、あるいは知らないツールを使うことが必要である。アナログ的なやり方は便利なデジタルツールとは違って手間がかかるが、それだけに競合他社が使っていないことがある。アナログ的な調査方法をABCDの中から1つ選びなさい。

A：検索エンジン

B：ポータルサイト

C：ソーシャルメディア

D：チラシ広告・カタログ

正解　D：チラシ広告・カタログ

　Googleキーワードプランナーやシミラーウェブなどのデジタルツールは確かに便利ですが、手軽に使えるということは競合他社も使っていることが多く、自社の競争優位性を担保するものではありません。より自社の競争優位性を確保するためには競合他社が使いづらいツール、あるいは知らないツールを使うことが必要です。

　アナログ的な調査をする情報ソースには次のようなものがあります。
①電話による聞き込み・顧客への問いかけ
②チラシ広告・カタログ
③新聞・雑誌広告

　ポータルサイトとはWeb上のさまざまなサービスや情報を集約して簡単にアクセスできるようにまとめた、Web利用の起点となるWebサイトのことです。

　ソーシャルメディアとは、インターネット上で展開される情報メディアのあり方で、個人による情報発信や個人間のコミュニケーション、人の結び付きを利用した情報流通などといった社会的な要素を含んだメディアのことです。SNSはソーシャルメディアの一部であり「Social Networking Service（ソーシャルネットワーキングサービス）」の頭文字です。SNSは人と人との社会的なつながりを維持・促進するさまざまな機能を提供する、会員制のオンラインサービスのことです。

第 2 章

検索キーワードの
パターンと目標設定

第11問

Q キーワード調査ツールを使い検索ユーザーが検索するキーワードを調べていくと検索キーワードにはいくつかの種類があることがわかるようになる。それらを分類するための1つの方法は3つのグループに分ける分類法である。これに含まれないものはどれかABCDの中から1つ選びなさい。

1回目

2回目

3回目

A：指名検索（Navigational Queries）

B：購入検索（Transactional Queries）

C：推定検索（Estimational Queries）

D：情報検索（Informational Queries）

第12問

Q 次の文中の空欄 [ ] に入る最も適切な語句をABCDの中から1つ選びなさい。

[ ] の例としては「ノートパソコン　通販」、「相続　弁護士　大阪」などのキーワードがあり、この種類の検索キーワードは全検索のうち約1割を占める。

1回目

2回目

3回目

A：指名検索（Navigational Queries）

B：購入検索（Transactional Queries）

C：推定検索（Estimational Queries）

D：情報検索（Informational Queries）

正解　C：推定検索（Estimational Queries）

検索キーワードの分類法の1つが次の3つに分ける方法です。
①指名検索（Navigational Queries）
②購入検索（Transactional Queries）
③情報検索（Informational Queries）

推定検索（Estimational Queries）は含まれないので、答えは推定検索（Estimational Queries）です。

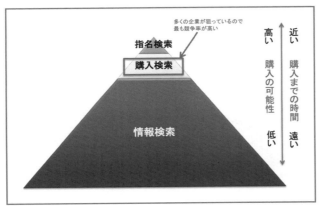

正解　B：購入検索（Transactional Queries）

購入検索（Transactional Queries）というのはモノやサービスを購入するときに検索するキーワードで例としては「ノートパソコン　通販」、「相続　弁護士　大阪」などのキーワードがあり、指名検索（Navigational Queries）に次いで2番目に成約率が高く経済価値が高いキーワードです。そしてこの種類の検索キーワードは全検索のうち約1割を占めます。

成約率が高いため多くの企業がこの購入検索（Transactional Queries）というキーワードでの上位表示を狙っています。

第13問

Q 次の文中の空欄 [ ] に入る最も適切な語句をABCDの中から1つ選びなさい。

[ ] のキーワードは、全検索数の8割もあるといわれており、ユーザーが抱えている疑問を解消するための検索で通常、企業にとってはお金にならないユーザーが検索するキーワードだと思われることで見過ごされがちである。

A：指名検索(Navigational Queries)

B：購入検索(Transactional Queries)

C：推定検索(Estimational Queries)

D：情報検索(Informational Queries)

第14問

Q 次のパターンのキーワードは何と呼ばれるか最も適切なものをABCDの中から1つ選びなさい。

インプラント　大阪

印鑑　通販

軽井沢　ホテル

ペペロンチーノ　レシピ

ズワイガニ　お取り寄せ

腰痛　原因

債務整理　福岡

群馬　相続相談

A：専門キーワード

B：複合キーワード

C：指名キーワード

D：指定キーワード

正解　D：情報検索(Informational Queries)

　情報検索(Informational Queries)のキーワードは、全検索数の8割もあります。ユーザーが抱えている疑問を解消するための検索で通常、企業にとってはお金にならないユーザーが検索するキーワードだと思われることで見過ごされがちなのがこの情報検索(Informational Queries)のキーワードです。「遺言書の書き方」「腰痛の原因」のような素朴な疑問を解消するために検索ユーザーが検索するキーワードが情報検索(Informational Queries)のキーワードです。

正解　B：複合キーワード

　複合キーワードというのは2つかそれ以上のシングルキーワードを組み合わせた検索キーワードのことです。
　複合キーワードには2つのパターンがあります。そのうちの1つは、2つのシングルキーワードを組み合わせたパターンで、「インプラント　大阪」「印鑑　通販」「軽井沢　ホテル」「ペペロンチーノ　レシピ」「ズワイガニ　お取り寄せ」「腰痛　原因」「債務整理　福岡」「群馬　相続相談」などのようになります。

第15問

Q 次のパターンのキーワードは何と呼ばれるか最も適切なものをABCDの中から1つ選びなさい。

表札

印鑑

ガラス

エアコン

不動産

賃貸

求人

A：シンプルキーワード

B：シングルキーワード

C：ロングテールキーワード

D：ショートテールキーワード

正解　B：シングルキーワード

　　キーワード分類法の1つに、次の3つに分ける分類方法があります。
①シングルキーワード
②複合キーワード
③長文検索

　　シングルキーワードとは1つの単語、連語、または複合語による検索キーワードのことをいいます。単語のシングルキーワードの例は「インプラント」「表札」「印鑑」「ガラス」「エアコン」「不動産」「賃貸」「求人」「名古屋」「横浜」「SEO」「TOEIC」などがあります。
　　ロングテールという概念はクリス・アンダーソン氏が提唱した経済理論で、Webを活用したビジネスにおいては実店舗とは違い在庫経費が少なくて済むため、人気商品ばかりを取り扱わなくてもニッチ商品の多品種少量販売で大きな売り上げ、利益を得ることができるというものです。
　　SEOにこの理論を応用すると、「競争率の激しいビッグキーワードでの上位表示ばかりを追いかけなくても、競争率の低いスモールキーワードをたくさん目標化して上位表示を達成すれば、労少なく効率的に見込み客が自社サイトを見に来てくれる」というものです。

第16問

Q 次の文中の空欄 [　] に入る最も適切な語句をABCDの中から1つ選びなさい。

いきなり [　] キーワードでの上位表示を目指してもなかなかうまくいかず、多くの時間がかかることが多い。[　] キーワードでの上位表示を達成するためのコツはいくつかあるが、その1つは上位表示したい [　] キーワードを含めた複合キーワードを何個も考え、それらで上位表示を達成するというものがある。

A：情報
B：シングル
C：指名
D：複合

第17問

Q 次の文中の空欄 [　] に入る最も適切な語句をABCDの中から1つ選びなさい。

Googleは2013年、[　] アップデートを実施して検索順位算定の中核となるコアエンジンを切り替えた。この [　] アップデートの導入により、従来の単語と単語の複合キーワードでの検索だけではなく、長文の会話調のフレーズでの検索にもGoogleは対応するようになった。

A：ハミングバード
B：ペンギン
C：パンダ
D：モバイルフレンドリー

正解　B：シングル

　いきなりシングルキーワードでの上位表示を目指してもなかなかうまくいかず、多くの時間がかかることになります。シングルキーワードでの上位表示を達成するためのコツはいくつかありますが、その1つは上位表示したいシングルキーワードを含めた複合キーワードを何個も考え、それらで上位表示を達成するというものです。

　つまり、「インプラント」などのシングルキーワードで上位表示をするためには、それを目指す前に、「インプラント　費用」「インプラント　デメリット」「インプラント　保険　条件」などインプラントを核とする複合キーワードでの上位表示を達成することが必要なのです。

正解　A：ハミングバード

　Googleは2013年、ハミングバードアップデートを実施して検索順位算定の中核となるコアエンジンを切り替えました。このハミングバードアップデートの導入により、従来の単語と単語の複合キーワードでの検索だけではなく、長文の会話調のフレーズでの検索にもGoogleは対応するようになりました。

第18問

Q 「かばん」「カバン」「鞄」のすべてのパターンでGoogle上位表示を実現するにはどうすればよいか最も正しいものをABCDの中から1つ選びなさい。

A：それらすべてのパターンをページ内に書いてはいけない

B：それらすべてのパターンをページ内に均等に書く必要はない

C：それらすべてのパターンをページ内に均等に書く必要がある

D：それらすべてのパターンをページ内に均等に書いてはいけない

第19問

Q 次の文中の空欄 [ ] に入る最も適切な語句をABCDの中から1つ選びなさい。

[ ] の設定はSEO技術の三大要素の1つ目の要素である企画・人気要素にあたる。

A：目標数値

B：目標キーワード

C：目標訪問者数

D：目標売上

正解　B：それらすべてのパターンをページ内に均等に書く必要はない

　　Googleは近年、「かばん」「カバン」「鞄」や、「なんば」「ナンバ」「難波」など、表記方法の違いについてはかなり理解を深めてきています。そのため、すべてのパターンをページ内に均等に書く必要はなくなっています。

正解　B：目標キーワード

　　目標キーワードの設定はSEO技術の三大要素の1つ目の要素である企画・人気要素にあたります。目標キーワードとは自社サイトにある各ページをどのような検索キーワードで上位表示をするのかを決め、それを目標化したものです。

　　たとえば、自社サイトのトップページを「家具　通販」というキーワードで上位表示を目指すなら、トップページの目標キーワードは「家具　通販」ということになります。

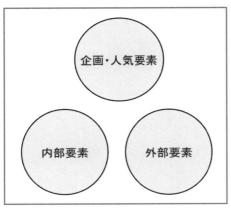

第20問

Q 次の文中の空欄 [　] に入る最も適切な語句をABCDの中から1つ選び なさい。

目標キーワードを設定する際には上位表示の難易度別に3つに分類するこ とがある。それらは次の3つに分類する方法である

①ビッグキーワード

②ミドルキーワード

③[　] キーワード

A：シンプル

B：ロング

C：リトル

D：スモール

第21問

Q 「矯正歯科」「矯正歯科　横浜」「表札」「表札　通販」「相続」「相続相 談」などのキーワードを何と呼ぶか最も適切なものをABCDの中から1つ選 びなさい。

A：ビッグキーワード

B：ミドルキーワード

C：スモールキーワード

D：シンプルキーワード

正解　D：スモール

　目標キーワードを設定する際には上位表示の難易度別に分類します。難易度が高い順に次の3つに分類します。
①ビッグキーワード
②ミドルキーワード
③スモールキーワード

正解　A：ビッグキーワード

　ビッグキーワードは検索回数も検索結果件数も多い競争率が高く上位表示が困難なキーワードです。ビッグキーワードには「インプラント」「インプラント 大阪」「印鑑」「印鑑　通販」「相続」「相続相談」などの比較的短めの単語、または連語で、単一のシングルキーワードのものも、複数のキーワードを組み合わせた複合キーワードのものもあります。

第22問

Q トップページがビッグキーワードで上位表示しやすい理由に当てはまりにくいものをABCDの中から1つ選びなさい。

A：トップページは通常、サイト内にあるすべてのサブページの共通点がそのテーマになっているから

B：トップページはGoogleのインデックスデータベース内で最も注目されているページだから

C：他のサイトの運営者が自社サイトにリンクを張ってくれるときは、ほとんどの場合トップページだから

D：トップページはほとんどのサイトにおいてすべてのサブページからリンクが張られているサイト内で最もリンクがされているページだから

第23問

Q 「インプラント　寿命」、「法人印鑑　角印」、「相続相談　札幌市」などのキーワードを何と呼ぶか最も適切なものをABCDの中から1つ選びなさい。

A：ビッグキーワード

B：ミドルキーワード

C：スモールキーワード

D：シンプルキーワード

正解　B：トップページはGoogleのインデックスデータベース内で最も注
目されているページだから

　ビッグキーワードは最も上位表示の難易度が高いため、上位表示を
実現するのには最も長い時間がかかります。

　運良く比較的短期間で上位表示ができたとしても、競合他社も同じ
ビッグキーワードでの上位表示を目指すことが多いため、時間ととも
に検索順位が落ちることがあります。

　少しでもビッグキーワードでの上位表示を早く達成するには、サイト
の中で最も上位表示しやすい「強いページ」であるトップページでビッ
グキーワードを狙うことです。

　なぜ、サイトの中でトップページが最も上位表示しやすいのかとい
うと、次の3つの理由があります。

①トップページはほとんどのサイトにおいてすべてのサブページから
　リンクが張られているサイト内で最もリンクがされているページだ
　から　→　D

②トップページは通常、サイト内にあるすべてのサブページの共通点
　がそのテーマになっているから　→　A

③他のサイトの運営者が自社サイトにリンクを張ってくれるときは、ほ
　とんどの場合トップページだから　→　C

正解　B：ミドルキーワード

　ミドルキーワードは上位表示難易度がビッグキーワードとスモール
キーワードの中間程度のキーワードを意味します。ミドルキーワード
には「インプラント　寿命」「法人印鑑　角印」「相続相談　札幌市」な
どがあります。

第24問

Q 次の記述の中でSEOに関して正しい記述をABCDの中から1つ選びなさい。

A：競争率が高いビッグキーワードで上位表示をするためには決して内部要素だけを最適化しても成功はできない

B：競争率が高いビッグキーワードで上位表示をするためには内部要素を最適化するのが成功への近道である

C：競争率が高いビッグキーワードで上位表示をするためにはコンテンツの充実だけをすることが確実である

D：競争率が高いビッグキーワードで上位表示をするためにはリンク対策をするのはリスクがとても高い

1回目

2回目

3回目

第25問

Q スモールキーワードについて正しい意味をABCDの中から1つ選びなさい。

A：検索回数が少なく、検索結果件数も少ない最も競争率が低く比較的上位表示しやすい

B：検索回数が少なく、検索結果件数は多い最も競争率が低く比較的上位表示しやすい

C：検索回数が多く、検索結果件数が少ない最も競争率が低く比較的上位表示しやすい

D：需要が多く、検索結果件数が少ない最も競争率が低く比較的上位表示しやすい

1回目

2回目

3回目

正解 A：競争率が高いビッグキーワードで上位表示をするためには決して
内部要素だけを最適化しても成功はできない

　　競争率が高いビッグキーワードで上位表示をするためには決して内
部要素だけを最適化しても成功はできません。競争率が高ければ高
いほど他人のサイトからリンクを張ってもらうためのリンク獲得対策が
必要になります。

　　そのため、日ごろから他人のサイトからリンクを張ってもらうための
心がけと働きかけが必要になります。そうした努力が実って他人のサ
イトからリンクを張ってもらうことができたとしてもほとんどの場合、
自社サイトのトップページにリンクを張られることがほとんどです。理
由は、通常トップページはそのサイトの目次ページであるので自社サ
イトを訪問したユーザーを紹介する際に最もリンク先として適してい
ると判断するからです。

正解 A：検索回数が少なく、検索結果件数も少ない最も競争率が低く比
較的上位表示しやすい

　　スモールキーワードは検索回数が少なく、検索結果件数も少ない
最も競争率が低く比較的上位表示しやすいキーワードです。スモール
キーワードには「前歯　インプラント　値段」「法人印鑑　角印　サイ
ズ」「相続　順位　兄弟」などがあります。

第26問

Q スモールキーワードで上位表示しやすいページは次のうちどれかABCD の中から1つ選びなさい。

A：トップページ

B：カテゴリトップ

C：サブページ

D：ホームページ

正解　C：サブページ

　スモールキーワードは最も難易度が低いため、サイト内の「弱い
ページ」、つまり検索エンジンからの評価がことさら高くないページで
も上位表示を目指すことができます。

　サイト内で最も検索エンジンからの評価が低いページは最も下層
に位置するサブページなので、サブページをスモールキーワードの目
標ページにすることが合理的な判断になります。

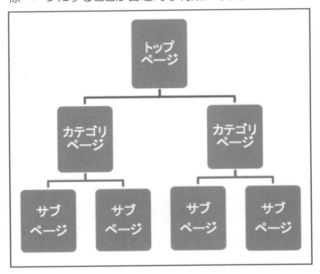

第27問

Q リスクを避けて確実にビッグキーワードでの上位表示を達成するための方法論は何と呼ばれているかABCDの中から1つ選びなさい。

A：ソーシャルSEO

B：トラフィックSEO

C：ビッグコンテンツSEO

D：ロングテールSEO

正解　D：ロングテールSEO

　多くの企業がビッグキーワードでの上位表示を目指しています。しかし、ビッグキーワードは競争率が高く上位表示が困難なキーワードのため短期間で上位表示することはできません。特に公開したばかりのサイト運用歴が短いサイトの場合はなおさらです。

　ビッグキーワードでの上位表示ばかりを目指していると、すぐに結果が出ないのでSEOそのものに嫌気が差したり、人によっては不正リンクを購入して上位表示を目指すという大きなリスクを犯してしまうことがあります。

　そうしたリスクを避けて確実にビッグキーワードでの上位表示を達成するための方法論としてロングテールSEOという考え方があります。

　ロングテールという概念はクリス・アンダーソン氏が提唱した経済理論でWebを活用したビジネスにおいては実店舗とは違い在庫経費が少なくて済むため、人気商品ばかりを取り扱わなくてもニッチ商品の多品種少量販売で大きな売り上げ、利益を得ることができるというものです。

　SEOにこの理論を応用すると、「競争率の激しいビッグキーワードでの上位表示ばかりを追いかけなくても、競争率の低いスモールキーワードをたくさん目標化して上位表示を達成すれば、労少なく効率的に見込み客が自社サイトを見に来てくれる」というものです。

　さらには、たくさんの関連キーワードでサイト訪問者が増えているという実績をGoogleが評価し、最終的にビッグキーワードでも上位表示出来るようになるという結果をもたらすことが可能になります。

第 3 章

上位表示する
ページ構造

第28問

Q 内部要素の対策において3つの重要なエリアである三大エリアに含まれないものをABCDの中から1つ選びなさい。

1回目

2回目

3回目

A：メタキーワーズ

B：メタディスクリプション

C：タイトルタグ

D：h1タグ（1行目）

第29問

Q 次の文中の空欄 [ ] に入る最も適切な語句をABCDの中から1つ選びなさい。

1回目

SEOにおいてはタイトルタグには必ずそのページを上位表示させたい [ ] を含めることが重要である。

2回目

3回目

A：テーマ

B：属性

C：期間

D：キーワード

正解　A：メタキーワーズ

　内部要素の技術要因として上位表示に効果のあるSEOで最初に行うべき作業は三大エリアの最適化です。なぜ、三大エリアと呼ぶのかというとSEO上、3つの重要な部分を最適化するということからです。

　三大エリアは次の3つのことを意味します。

①タイトルタグ

②メタディスクリプション

③h1タグ(1行目)

正解　D：キーワード

　SEOにおいてはページのタイトルタグには必ずそのページを上位表示させたい検索キーワードを含めることが重要です。理由はGoogleがタイトルタグというのはそのページの要旨、つまりテーマを記述したものとして認識するからです。

　下図は「リフォーム　東京」で上位表示しているページのタイトルタグの例です。

```
<!DOCTYPE HTML PUBLIC "-//W3C//DTD HTML 4.01 Transitional//EN"
"http://www.w3.org/TR/html4/loose.dtd">
<HTML lang="ja">
<head>
<meta http-equiv="Content-Type" content="text/html; charset=utf-8">
<title>リフォーム東京 豊富な実績の（株）エコリフォーム 女性が丁寧に対応</title>
<link href="/common/import.css" rel="stylesheet" type="text/css"><!--
<link href="common/style.css" rel="stylesheet" type="text/css">-->
<script language="JavaScript" src="http://www.eco-inc.co.jp/common/common/java.js"></script>
<script type="text/javascript" src="http://www.eco-inc.co.jp/common/menu.js"></script>
```

第30問

Q メタディスクリプションについての説明として正しくないものをABCDの中から1つ選びなさい。

A：メタディスクリプションに書く内容は、できる限りページごとに変える

B：メタディスクリプションに書く内容はそのページの要旨を自然な文体で書くように心がける

C：メタディスクリプションにはページの目標キーワードを含める

D：メタディスクリプションに書く内容は、どのページもトップページのものと同じものを書く

第31問

Q 次の文中の空欄 ［　］ に入る最も適切な語句をABCDの中から1つ選びなさい。

h1タグとはWebページの［　］を意味するタグである。

A：大見出し

B：中見出し

C：小見出し

D：見出し

正解　D：メタディスクリプションに書く内容は、どのページもトップページ
　　　のものと同じものを書く

　メタディスクリプションはPC版のWebページには全角で最大120
文字、モバイル版のWebページには全角で最大60文字まで書くと多
くの場合それがそのままGoogleの検索結果ページに反映されます。
　ここもユーザーに検索結果ページ上で与える第一印象の1つにな
るためにWebページを見たくなるような文言を工夫して自然な文体
で書く必要があります。
　メタディスクリプションに書く内容は、できる限りページごとに変え
るようにして、そのページの要旨を自然な文体で書くように心がけて
ください。
　そしてそこにはそのページが上位表示を目指すキーワードを自然
な形で含めると上位表示にプラスに働きます。
　下図は「SEOセミナー」で上位表示しているページのメタディスクリ
プションの例です。

```
<meta name="description" content="SEOセミナーの開催日程。鈴木将司のGoogle・ヤフー上位表示対策。
モバイルSEO、ソーシャルメディア、YouTube集客にも完全対応。初心者向けのタイトルも充実。今すぐ見れるオンラ
イン版セミナー動画も多数あります。" />
```

正解　A：大見出し

　h1タグとはWebページの大見出しを意味するタグです。そのペー
ジの表題をなるべくユーザーの注意を引くように書く必要がありま
す。hとはheading（ヘッディング）の略で見出しを意味する言葉です。
　下図は「リフォーム　東京」で上位表示しているページのh1タグの
例です。

```
<h1>リフォームを東京でお考えの方、お気軽にご相談ください</h1>
</div>
```

第32問

Q キーワード出現頻度について最も適切な説明はどれか？　ABCDの中から1つ選びなさい。

A：理想的なキーワード出現頻度はサイトの種類やキーワードによって異なる

B：理想的なキーワード出現頻度はサイトの特色やコンテンツの独自性の高低によって異なる

C：理想的なキーワード出現頻度はサイトの種類やキーワードに関わらず不変である

D：理想的なキーワード出現頻度はサイトの特色やコンテンツの著者の信頼性によって異なる

第33問

Q タイトルタグ、メタディスクリプション、h1の書き方として正しいものをABCDの中から1つ選びなさい。

A：なるべく少なく目標キーワードを書くようにする

B：なるべくたくさんの目標キーワードを書くようにする

C：なるべく先頭に目標キーワードを書くようにする

D：なるべく中央に目標キーワードを書くようにする

正解　A：理想的なキーワード出現頻度はサイトの種類やキーワードによって異なる

　上位表示しやすいキーワード出現頻度には絶対的な不変の数値というものはありません。Googleが2018年から実施をはじめたコアアップデート以前にはある程度の理想値がありました。しかし、Googleのアルゴリズムが洗練されるにつれて、サイトの種類や、目標キーワードによって異なるようになりました。

　キーワード出現頻度とは、特定のページのソース内に書かれている単語の総数のうち、各単語が全体の何パーセント書かれているかの比率をパーセントで表現するものです。キーワード出現頻度の公式は、次のようになります。

キーワード出現頻度 ＝ 特定の単語が書かれている回数÷
Webページ内に書かれている単語の総数×100

正解　C：なるべく先頭に目標キーワードを書くようにする

　三大エリア共通の注意点をまとめると次のようになります。
①なるべく先頭に目標キーワードを書くようにする
②目標キーワードが修飾語にならずに主語になるように書く
③部分一致ではなく、完全一致になるように書く
④単語の羅列を書くのではなく、文章またはフレーズ（句）になるように書く
⑤タイトルタグ、メタディスクリプションには目標キーワードを2回までで、h1には1回までを目指す
⑥1つのページ内の三大エリアには同じことを書かず、内容に変化をつける
⑦ページごとに書く内容に変化をつける

第34問

次の文中の空欄 [ ] に入る最も適切な語句をABCDの中から1つ選び
なさい。

ページテーマとは、そのページが何について書かれているか、ページの
[ ] のことをいう。

1回目

2回目

3回目

A：主題

B：主体

C：コンテンツ

D：オーナー

第35問

次の文中の空欄 [ ] に入る最も適切な語句をABCDの中から1つ選び
なさい。

Googleで上位表示されているWebページは [ ] である傾向が高い。

1回目

2回目

3回目

A：上から中間くらいまで万遍なく目標キーワードが書かれている
ページ

B：上から下まで万遍なく目標キーワードが書かれているページ

C：下の方に目標キーワードが万遍なく書かれているページ

D：上の方に目標キーワード万遍なく書かれているページ

正解　A：主題

　ページテーマとは、そのページが何について書かれているか、ページの主題のことをいいます。

　たとえば、「ヘッドフォン」という検索キーワードで上位表示している百科事典サイトにあるWebページはヘッドフォンについて詳しく書かれています。そのページにはヘッドフォンのことだけが書かれていているのでそのページのテーマ（主題）はヘッドフォンだけになります。スピーカーやその他の音響機器については少しだけは書かれていますが、それはヘッドフォンについての説明をするための補助的な情報でしかありません。

　「ヘッドフォン」で上位表示している他のWebページも同じくヘッドフォンだけをテーマにした家電量販店や、ヘッドフォンメーカー、ヘッドフォンのまとめサイトばかりです。

　このようにGoogleを始めとする検索エンジンは検索ユーザーが検索したキーワードだけをテーマにしているWebページを検索結果上で上位表示させようとします。

正解　B：上から下まで万遍なく目標キーワードが書かれているページ

　ページテーマが絞りこまれたページは上位表示されやすいのですが、どのようなページがページテーマが絞りこまれているように検索エンジンに見えるのでしょうか？

　それは三大エリア（タイトルタグ、メタディスクリプション、h1）には1つのテーマについてだけを書き、かつWebページの本文においてはページの上から下までそのページの目標キーワードが万遍なく書かれ比較的均等に分布された書き方です。

第36問

Q 次の文中の空欄 [　] に入る最も適切な語句をABCDの中から1つ選びなさい。

1回目

キーワードの分布を突き詰めて研究すると目標キーワードは多くの場合、[　] の分布になっている。

2回目

3回目

A：正三角形型

B：逆三角形型

C：三角形型

D：四角型

第37問

Q 次の文中の空欄 [　] に入る最も適切な語句をABCDの中から1つ選びなさい。

1回目

Webページには [　] の2種類がある。

2回目

A：特殊ページと一般ページ

B：通常ページと一覧ページ

3回目

C：トップページとカテゴリページ

D：コンテンツページとコンバージョンページ

正解　B：逆三角形型

　キーワードの分布を突き詰めて研究すると、上位表示しているページほど、ページの上の方にたくさん目標キーワードが書かれ、ページの中段には少し書かれており、下段にはより少ない数の目標キーワードが書かれている逆三角形のように目標キーワードが分布している例が多い傾向があります。

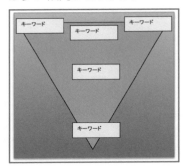

正解　B：通常ページと一覧ページ

　Webページには通常ページと一覧ページの2種類があります。

　通常ページとはページの上から下まで普通に文章が書かれており途中に画像がいくつかあるようなよく見かけるページのことです。

　一方、一覧ページとは複数の通常ページにリンクを張っている通常ページへの入り口、あるいはメニューページとなるもので、複数の通常ページを束ねるページのことをいいます。

　競争率が高い目標キーワードであればあるほど通常ページよりも一覧ページの方が上位表示されやすい傾向があります。

　コンバージョンとは、変換、転換、交換などの意味で、Webの分野では消費者から顧客への転換、つまり「成約する」という意味で用いられる言葉です。

第38問

Q キーワードの乱用をしないようにGoogleは公式サイトで警鐘を鳴らして
いる。なぜキーワードの乱用を避けるべきなのか? 最も適切な理由を
ABCDの中から1つ選びなさい。

1回目

2回目

A：キーワード出現頻度が上昇するから

B：ユーザー体験が悪化するから

3回目

C：コアアップデートのアルゴリズムがあるから

D：ページの表示速度が遅くなるから

第39問

Q ページの文字数について間違った記述はどれかABCDの中から1つ選び
なさい。

1回目

A：上位表示を目指さないページの文字数は500文字以上

2回目

B：上位表示を目指すページの文字数は800文字以上

C：競争率が激しい目標キーワードを設定したページの文字数は
3800文字以上

3回目

D：上位表示を目指すページ、目指さないページともに800文字程度

正解　B：ユーザー体験が悪化するから

　Googleはページ内にキーワードを詰め込む行為を「キーワードを乱用」と呼び、サイト運営者にそうした行為は避けるよう警告を発しています。実際に筆者がこれまで見てきた多くのケースで、ページ内に詰め込んだキーワードを大幅に減らしただけで検索順位が回復したケースが多数あります。

　キーワードの乱用をすると確かにキーワード出現頻度が上昇しますが、それは本質的な答えではありません。本質的にはそのページを見るユーザーのユーザー体験が悪化するからです。ユーザー体験を犠牲にしてまでページ内にキーワードを詰め込み、無理やりキーワード出現頻度を高めることは避けましょう。

正解　D：上位表示を目指すページ、目指さないページともに800文字程度

　さまざまなページの文字数を計測した結果、概ね次のような目標値が適切だということがわかってきました。

①上位表示を目指さないページの文字数は500文字以上　→　A

②上位表示を目指すページの文字数は800文字以上　→　B

③競争率が激しい目標キーワードを設定したページの文字数は
　　3800文字以上　→　C

第40問

Q いくつかの業種においては通常の文字数の2倍かそれ以上文字を書かないとなかなか上位表示しにくいということがわかってきた。それらの業種に含まれないものをABCDの中から1つ選びなさい。

A：法律業界

B：コンテンツ業界

C：医療・健康・美容業界

D：その他、技術系の業界

第41問

Q 正味有効テキストの定義に含まれないものはどれか？　ABCDの中から1つ選びなさい。

A：他のページにも書かれている共通の文章

B：テキストリンク以外の文章

C：そのページにしか書かれていないオリジナル文章

D：単語の羅列ではない助詞、助動詞、句読点などが含まれた文章

正解　B：コンテンツ業界

　　いくつかの業種においては一般的な業界よりも2倍かそれ以上、文字数がないと上位表示しにくいということがわかってきました。

　　それらの業種とは「法律業界」(A)、「医療・健康・美容業界」(C)、「その他、技術系の業界」(D)などです。

　　なぜ、これらの業界のサイトは他の業界に比べて文字数が2倍かそれ以上書かれている傾向があるのかというと専門知識がないと理解し難いテーマを扱っているため、一般の人でも理解できるように丁寧に書かないとメッセージが伝わらないからだと思われます。

正解　A：他のページにも書かれている共通の文章

　　上位表示をする上で効果のある文字のことを「正味有効テキスト」(Net Effective Text)と呼びます。正味有効テキストをWebページ内に増やすことが上位表示にプラスに働きます。

　　正味有効テキストには、次の4つの特徴があります。

①そのページにしか書かれていないオリジナル文章　→　C

②テキストリンク以外の文章　→　B

③画像のALT属性以外の文章

④単語の羅列ではない助詞、助動詞、句読点などが含まれた文章

　　　　　　　　　　　　　　　　　　　　　　　　　　　　　→　D

第42問

Q 次の文中の空欄 [ ] に入る最も適切な語句をABCDの中から1つ選び
なさい。

Webページ内にJPGやGIFなどの画像を掲載するときにその画像が何の
画像かを端的に説明するのが画像の[ ]という。

A：TITLE属性
B：ALT属性
C：コンテンツ属性
D：パーツ属性

第43問

Q ユーザーの検索意図を推測する方法として最も適切な方法をABCDの中
から1つ選びなさい。

A：実際に自分が上位表示を目指すキーワードでGoogle検索をし、
上位表示しているサイトのコンテンツキーワードは何かを分析す
ること

B：あらゆる競合サイトをSEOツールで分析し、どのページのキー
ワード出現頻度が一番適切な出現頻度かを注意深く分析すること

C：実際に自分が上位表示を目指すキーワードでGoogle検索をし、
どのようなページが上位表示しているのかを注意深く分析する
こと

D：あらゆる競合サイトの流入キーワードをシミラーウェブなどで分
析し、自分のサイトよりも流入キーワード数が多いサイトはどれか
を注意深く分析すること

正解 　B：ALT属性

　Webページ内にJPGやGIFなどの画像を掲載するときにその画像が何の画像かを端的に説明するのが画像のALT属性部分です。通常、ALT属性には画像についての端的な説明を文字で記述します。そうすることによりGoogleなどの検索エンジンは画像の内容を理解しやすくなります。

正解 　C：実際に自分が上位表示を目指すキーワードでGoogle検索をし、どのようなページが上位表示しているのかを注意深く分析すること

　コアアップデートの実施後は、単にページのテーマを絞り込むだけでなく、検索ユーザーの検索意図を満たすページが上位表示するようになりました。検索意図とは検索ユーザーが検索するときにページのコンテンツとして期待するもの、つまり検索ユーザーが見たいコンテンツのことです。
　ユーザーが検索するキーワードの背景にある検索意図を満たすコンテンツを掲載したページがGoogleで上位表示するようになりましたが、検索意図を推測する方法はとてもシンプルです。
　それは実際に自分が上位表示を目指すキーワードでGoogle検索をすることです。そしてどのようなページが上位表示しているのかを注意深く分析することです。この方法でなぜ検索意図がわかるのかというと、Googleは検索意図を満たしているページを突き止めて上位表示するようになってきているからです。言い換えれば、「Googleで上位表示をしているページ＝ユーザーの検索意図を満たしているページ」ということになります。

第44問

Q Googleはどのようにしてサイト滞在時間を計測しているのか？　最も正しいと思われる説をABCDの中から1つ選びなさい。

A：Googleは世界で最も市場シェアの高いGoogleアナリティクスというアクセス解析ツールを提供しているので、そこに表示される「ページ/セッション」の数値を使っている

B：Googleは市場シェアの高いGoogle AdSenseという広告配信サービスを使っているので、その広告のクリック数から逆算してサイト滞在時間を推測している

C：Googleは市場シェアの高いGoogleクロームというブラウザを提供しているので、そのユーザーの行動履歴をデータ化して使っている

D：Googleは検索結果ページ上にあるリンクをクリックしたユーザーがリンク先のサイトにどのくらい滞在してから検索結果ページに戻ってきたのか、その時間を測定している

第45問

Q 次の文中の空欄 [　] に入る最も適切な語句をABCDの中から1つ選びなさい。

Googleはページ内のコンテンツを分析する際に1つのページを [　] のセクションに分割している。

A：メインコンテンツ、サプリメンタリーコンテンツという2つ

B：メインコンテンツ、サプリメンタリーコンテンツ、広告という3つ

C：メインコンテンツ、サプリメンタリーコンテンツ、ナビゲーションコンテンツ、広告という4つ

D：メインコンテンツ、サプリメンタリーコンテンツ、ナビゲーションコンテンツ、広告、著作権情報という5つ

正解 D：Googleは検索結果ページ上にあるリンクをクリックしたユーザー
がリンク先のサイトにどのくらい滞在してから検索結果ページに
戻ってきたのか、その時間を測定している

　Googleは検索結果ページ上にあるリンクをクリックしたユーザー
がリンク先のサイトにどのくらい滞在してから検索結果ページに戻っ
てきたのか、その時間を測定しているといわれています。それにより
間接的にサイト滞在時間を推測することができているといわれてい
ます。
【参考特許】US10229166B1
　「暗黙のユーザーフィードバックに基づいた検索ランキングの修正」
　https://patents.google.com/patent/
　　　US10229166B1/en?oq=US+10%2c229%2c166

正解 B：メインコンテンツ、サプリメンタリーコンテンツ、広告という3つ

　検索意図を満たしたページを作ったつもりでも実際には満たしてい
ないことがあります。その理由は、Googleはページ内のコンテンツ
を分析する際に1つのページを3つのセクションに分割しているから
です。
　このことはGoogleが公開しているGeneralGuidelinesという品
質ガイドラインで解説されています。GeneralGuidelinesによると
Googleは1つひとつのページをメインコンテンツ、サプリメンタリー
コンテンツ、広告という3つのセクションに分割しており、それぞれの
セクション内にどのようなコンテンツが掲載されているかを詳しく分析
しています。

第46問

Q リストタグは箇条書きになる部分に使うタグでGoogleなどの検索エンジンに箇条書きであることを伝えるタグである。リストタグではないものはどれかABCDの中から1つ選びなさい。

1回目

2回目

3回目

A：<ul>

B：<ol>

C：<li>

D：<ls>

正解　D：<ls>

　<ul>、<ol>、<li>などは箇条書きになる部分に使うタグで
Googleなどの検索エンジンに箇条書きであることを伝えるタグです。

【リストタグの実例】
<ul>
<li>
<a href="/jp/statewide/discover">ハワイを知る</a>
</li>
<li>
<a href="/jp/statewide/discover/first-trip-to-hawaii">
初めてのハワイ</a>
</li>
<li>
<a href="/jp/statewide/choose-an-island">島を選択</a>
</li>
</ul>

第 4 章

上位表示する
サイト内リンク構造

第47問

Q サイト内の内部リンク構造の最適化にはいくつかの重要ポイントがある。それらに含まれないものをABCDの中から1つ選びなさい。

1回目

2回目

3回目

A：画像のALT属性

B：ソーシャルメディアに投稿された記事内容

C：関連性の高いページへのサイト内リンク

D：わかりやすいナビゲーション

第48問

Q ナビゲーションに含まれないものをABCDの中から1つ選びなさい。

1回目

2回目

3回目

A：ヘッダー情報

B：ヘッダーメニュー

C：サイドメニュー

D：フッターメニュー

正解　B：ソーシャルメディアに投稿された記事内容

　　Googleが過剰なSEOを取り締まるペンギンアップデートを実施して以来、外部ドメインのサイトから自社サイトへの被リンクを獲得することはリスクがあり、従来のように気軽に増やすことが困難になってきています。そのため、サイト内の内部リンク構造を最適化することは検索順位アップの大きな伸びしろになりました。

　　サイト内の内部リンク構造の最適化には次の重要ポイントがあります。

①わかりやすいナビゲーション　→　D

②アンカーテキストマッチ

③画像のALT属性　→　A

④関連性の高いページへのサイト内リンク　→　C

正解　A：ヘッダー情報

　　ナビゲーションというのはWebページ内にあるメニューのことです。ナビゲーションには、次の3つがあります。

①ヘッダーメニュー　→　B

②サイドメニュー　→　C

③フッターメニュー　→　D

　　ナビゲーションはユーザーに一目でわかってもらえるように明瞭に設計する必要があります。そうすることにより検索エンジンにもわかりやすくなり上位表示に貢献します。

第49問

Q 次の文中の空欄 [　] に入る最も適切な語句をABCDの中から1つ選びなさい。

1回目

検索エンジンがナビゲーションにおいて評価対象にしているのは [　] というタグがある部分である。

2回目

A：<n></n>

3回目

B：<h1></h1>

C：<p></p>

D：<a></a>

第50問

Q 検索エンジンにペナルティを受けずに上位表示に一定のプラスが生じるのは次のうちどれか？　ABCDの中から1つ選びなさい。

1回目

A：画像のALT属性には画像の表面に書かれている文言の2倍近くの情報を記述する

2回目

B：画像のALT属性には画像の表面に書かれている文言をそのまま記述する

3回目

C：画像のALT属性には画像の表面に書かれている文言とサイト全体の要約を手短に記述する

D：画像のALT属性には画像の表面に書かれている文言とそれがあるページの要約を手短に記述する

正解 D：<a></a>

　検索エンジンがナビゲーションにおいて評価対象にしているのは<a></a>というリンクを張るためのアンカータグがある、テキストリンクか、画像リンクのいずれかの形のものに限られます。

【テキストによるアンカータグの例】
<a href="qanda.html">よくいただくご質問</a>

【画像によるアンカータグの例】
<a href="natural-material.html">
<img src="images/header_menu04_off.gif"
　　　alt="自然素材紹介" border="0">
</a>

正解 B：画像のALT属性には画像の表面に書かれている文言をそのまま記述する

　画像のALT属性は<a>と</a>の間に囲われていないリンク化されていない場合でも画像の表面に書かれている文言をそのまま記述するようにしてください。
　そうすることにより検索エンジンがその画像の内容を理解しやすくなります。

第51問

Q 次の文中の空欄 [ ] に入る最も適切な語句をABCDの中から1つ選びなさい。

上位表示を目指すページからは [ ] の低いページへのリンクをなるべく削減して、同時に [ ] の高いページへのリンクを増やすようにするべきである。

A：人気

B：ページランク

C：信頼性

D：関連性

第52問

Q 次の文中の空欄 [ ] に入る最も適切な語句をABCDの中から1つ選びなさい。

クリック率が高い [ ] を張ることによりそのリンクをクリックするユーザーが増えて結果的にサイト滞在時間を長くすることができる。

A：被リンク

B：トラストリンク

C：サイト内リンク

D：外部リンク

正解　D：関連性

　サイト内の内部リンク構造を最適化する1つのポイントは、上位表示を目指すページからそのページと関連性の高いページにリンクを張るということです。そうすることにより検索エンジンは関連性が高いページが多数あるので、そのページは検索ユーザーにとって豊富な情報があると判断して順位アップをしてくれやすくなります。

　上位表示を目指すページからは関連性の低いページへのリンクをなるべく削減して、同時に関連性の高いページへのリンクを増やすようにしてください。

　どうしても関連性の高いページがサイト内で見当たらない場合は新規で作成してそのページにリンクを張るようにしてください。

　ページランクとはGoogleが考案したもので、Web上の1つひとつのWebページに割り当てられる評価スコアです。計算方式は被リンク元の数と質で計算するもので、配点は0〜10の11段階評価です。

正解　C：サイト内リンク

　クリック率が高いサイト内リンクを張ることにより、そのリンクをクリックするユーザーが増えて結果的にサイト滞在時間を長くすることができます。

　被リンクとは他のWebページからリンクを張ってもらうこと、発リンクとは他のWebページにリンクを張ること、相互リンクとは2つのWebページがお互いにリンクを張り合うことを意味します。

　トラストリンクとは造語のため使われていない言葉です。

第53問

Q パンくずリストの使い方について正しい説明をABCDの中から1つ選びなさい。

A：無理やりキーワードを詰め込み、ユーザーがそれによって迷子にならないようにキーワードをパンくずリストの部分に含める

B：無理やりキーワードを詰め込むのではなく、ユーザーにわかりやすいシンプルな文言をパンくずリストの部分に含める

C：なるべくたくさんのキーワードを詰め込み、ユーザーにはっきりとわかるような文言をパンくずリストの部分に含める

D：なるべくたくさんのキーワードを詰め込み、長めの文言をパンくずリストの部分に含める

正解　B：無理やりキーワードを詰め込むのではなく、ユーザーにわかりや
　　　　すいシンプルな文言をパンくずリストの部分に含める

　　パンくずリストというのはユーザーがサイト内のどの位置、階層に
今自分がいるのかを直感的に示すテキストリンクのことをいいます。
　　名称の由来は童話「ヘンゼルとグレーテル」で、森の中で帰り道が
分かるようにパンくずを少しずつ落としながら歩いたというエピソード
から来ています。
　　パンくずリスト内にはその部分のリンク先の情報が検索エンジンに
理解してもらいやすいようにリンク先のテーマを表すキーワードを含
めたほうが上位表示に有利になります。
　　しかし、無理やりキーワードを詰め込むのではなく、ユーザーにわか
りやすいシンプルな文言をパンくずリストの部分に含めるようにしてく
ださい。

第54問

Q スマートフォンサイトのレイアウトを考える上で非常に重要な概念がある。その概念はABCDの中のどれか1つ選びなさい。

A：コンテンツファースト、ナビゲーションセカンド

B：ナビゲーションファースト、コンテンツセカンド

C：コンテンツファースト、リンクセカンド

D：リンクファースト、コンテンツセカンド

正解　A：コンテンツファースト、ナビゲーションセカンド

　スマートフォンサイトのレイアウトを考える上で非常に重要な概念があります。それは「コンテンツファースト、ナビゲーションセカンド」という概念です。

　これはユーザーが求めているのはサイト内リンクなどのナビゲーションメニューではなく、コンテンツ（情報の中身）なのでナビゲーションメニューは極力面積を取らずにむしろコンテンツ部分の面積を最大化すべきだという海外のスマートフォンサイトデザインの草分けのプロフェッショナル達が提唱した概念です。

　このコンテンツファースト、ナビゲーションセカンドの概念に適合するためにも、スマートフォンサイトのサイト内リンクであるナビゲーションメニューは画面において極小化する必要があります。

第55問

Q 次の文中の空欄 [ ] に入る最も適切な語句をABCDの中から1つ選び
なさい。

スマートフォンの画面は縦だけではなく、横の幅も狭いのでテキストリンクを
張るときは [ ] になるようにした方が操作性が高まる。

A：1つのリンク項目につき1行
B：2つのリンク項目につき1行
C：1つのリンク項目につき2行
D：3つのリンク項目につき1行

正解　A：1つのリンク項目につき1行

　スマートフォンの画面は縦だけではなく、横の幅も狭いので下図のようにテキストリンクを張るときは1つのリンク項目につき1行になるようにした方が操作性は高まります。たくさんの文言を書かずに1行に収まるように文字数を削減してシンプルな記述にするようにしてください。

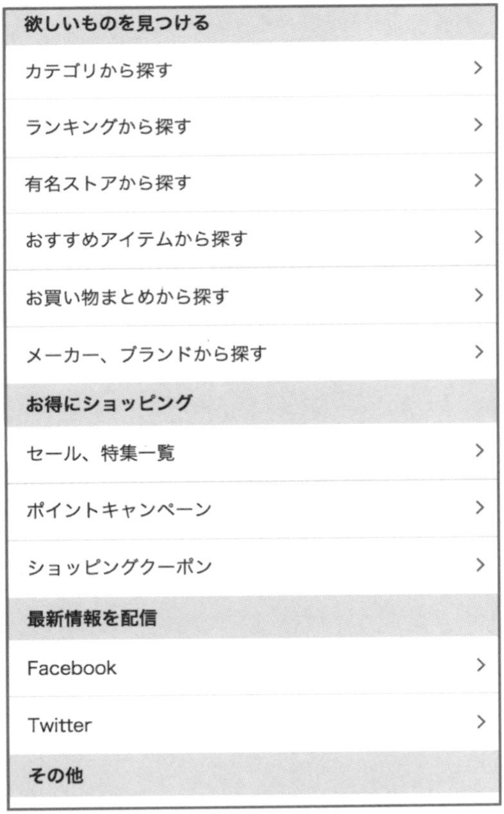

欲しいものを見つける	
カテゴリから探す	>
ランキングから探す	>
有名ストアから探す	>
おすすめアイテムから探す	>
お買い物まとめから探す	>
メーカー、ブランドから探す	>
お得にショッピング	
セール、特集一覧	>
ポイントキャンペーン	>
ショッピングクーポン	>
最新情報を配信	
Facebook	>
Twitter	>
その他	

第5章

上位表示する
サイト構造

第56問

Q 次の文中の空欄 [ ] に入る最も適切な語句をABCDの中から1つ選びなさい。

1回目

[ ] はインターネット上に存在するコンピュータやネットワークを識別するために付けられている名前の一種でインターネット上の住所のようなものである。

2回目

3回目

A：アドレスネーム

B：オーナーネーム

C：サイトネーム

D：ドメインネーム

第57問

Q 次の文中の空欄 [ ] に入る最も適切な語句をABCDの中から1つ選びなさい。

1回目

トップレベルドメインはその種類によってはco.jpやac.jpなど、一定の審査が必要なものもありますが、基本的には [ ] 取得することができる。

2回目

A：先着順で

3回目

B：入札価格の高い順

C：ドル建てで

D：発売している国の通貨建てで

正解　D：ドメインネーム

　ドメインネームはインターネット上に存在するコンピュータやネットワークを識別するために付けられている名前の一種でインターネット上の住所のようなものです。絶対に重複しないように発行・管理されており、アルファベット、数字、一部の記号の組み合わせで構成されます。近年では、日本語など各国独自の言語・文字でドメイン名を登録できる国際化ドメイン名も利用できるようになりました。（e-Wordsより）

正解　A：先着順で

　トップレベルドメインはその種類によってはco.jpやac.jpなど、一定の審査が必要なものもありますが、基本的には先着順で取得することができます。

　Webサイトを開くときは必ず何らかのドメインネームを使う必要があります。そうすることによってGoogleなどの検索エンジンが自社サイトにネットユーザーがアクセスするための住所を登録することができるようになります。

第58問

Q 次の文中の空欄 [　] に入る最も適切な語句をABCDの中から1つ選びなさい。

1回目

独自ドメインを持つメリットとしては、空きがある限り自由にドメイン名を決めることができるので自社の社名や商品名などのブランド名をドメイン名にしたものを持つことができ、[　] に役立つことである。

2回目

3回目

A：ブランディング

B：リスティング

C：プランニング

D：エンゲージメント

第59問

Q 「名古屋　弁護士」で上位表示するにあたり、最も不利なドメイン名はどれかABCDの中から1つ選びなさい。

1回目

A：www.nagoya-bengoshi.net

2回目

B：www.nagoya-tanaka.co.jp

C：www.satoujimsuho.net

3回目

D：www.bengoshi-cunsultation.com

正解　A：ブランディング

　誰でも管理料金を払えばドメインネームを持つことができます。自分独自のドメインネームのことを独自ドメインと呼びます。

　独自ドメインを持つメリットとしては空きがある限り自由にドメイン名を決めることができるので自社の社名や商品名などのブランド名をドメイン名にしたものを持つことができ、ブランディングに役立つことです。

正解　C：www.satoujimsuho.net

　Googleなどの検索エンジンはドメインネームの中に含まれた文言の意味を理解するように設計されています。可能な場合はドメインネームを取得するときにそのドメインネームを使って公開するWebサイトが上位表示を目指すキーワードをドメインネームの中に含めるようにしたほうが、若干程度ですが、上位表示しやすくなります。

　www.satoujimsuho.netには「名古屋」も「弁護士」も含まれていないので他のドメイン名に比べると上位表示に不利なドメイン名であるといえます。

第60問

Q ドメインネームについて正しい記述をABCDの中から1つ選びなさい。

A：ドメインネームは一度購入したら途中で変更することはできない

B：ドメインネームは一度購入したら途中で1回までしか変更することはできない

C：ドメインネームは一度購入したら途中で2回までしか変更することはできない

D：ドメインネームは一度購入したら途中で追加料金を払わなければ変更することはできない

第61問

Q サブドメインを用いてサイトを開いているものをABCDの中から1つ選びなさい。

A：http://ev.nissan.co.jp/

B：http://nissan.co.jp/

C：http://nissan.co.jp/car/

D：https://nissan.co.jp/car.html

正解　**A：ドメインネームは一度購入したら途中で変更することはできない**

　ドメインネームは一度購入したら途中で変更することはできません。どうしてもドメインネームを変更したいならばこれまで使っていたドメインネームを廃止して、新規で別のドメインを取得し直す必要があります。

正解　A：http://ev.nissan.co.jp/

　サブドメインというのはドメインネームを構成するパーツの中では最も先頭にある第4レベルドメインのことであり、ドメイン所有者が自由に決めることができる部分です。

　自動車メーカーの日産自動車は複数のWebサイトを運営しており、サイトのテーマごとに専門サイトを持っています。そして各専門サイトは次のように公式サイトのドメインネームの先頭にあるwwwの部分をev、biz、historyというようにサブドメインを設定しています。

【電気自動車総合サイト】
　http://ev.nissan.co.jp/

【商用車専門サイト】
　http://biz.nissan.co.jp/

【Webカタログバックナンバーサイト】
　http://history.nissan.co.jp/

第62問

Q 次の文中の空欄 [ ] に入る最も適切な語句をABCDの中から1つ選びなさい。

1回目

2回目

3回目

[ ] 部分に目標キーワードを含めれば圧倒的に上位表示しやすくなるというものではなく、少しだけ有利になるという程度のことだが、SEO対策の打ち手が少ない場合はこうした小さな効果しかないものでも使った方がプラスの方向に導くことができる。

A：サブリンク

B：サブドメイン

C：サブコンテンツ

D：サブリィスティング

第63問

Q 次の文中の空欄 [ ] に入る最も適切な語句をABCDの中から1つ選びなさい。

1回目

2回目

3回目

ディレクトリ名と同様にhtmlやphpの [ ] 名にも目標キーワードを含めると若干上位表示しやすくなる。

A：ファイル

B：フォルダー

C：フィルター

D：ドメイン

正解 B：サブドメイン

　　サブドメイン部分に目標キーワードを含めれば圧倒的に上位表示し
やすくなるというものではなく、少しだけ有利になるという程度のこと
ですが、SEO対策の打ち手が少ない場合はこうした小さな効果しか
ないものでも使った方がプラスの方向に導くことができるので検討す
る価値があります。

正解 A：ファイル

　　htmlやphpのファイル名にも目標キーワードを含めると若干上位
表示しやすくなります。

　　Googleで「英会話　中津」というキーワードで検索すると1位に
表示されているWebページ(http://www.applek.com/nakastu.
html)のファイル名は「nakatsu」(中津)という地名が含まれたもの
です。

　　このサイトの運営者は「英会話　中津」という目標キーワードで上位
表示するためにファイル名にこのように地名を含めるようにしました。

　　同じ作者が作った「http://www.applek.com/chayamachi.html」
というWebページにも目標キーワードが「英会話　茶屋町」なので
「chayamachi」(茶屋町)というキーワードを含めるようにしてGoogle
の検索結果で7位に表示されるようになりました。

第64問

Q 「名古屋 賃貸」で上位表示を目指す上で最も効果的で安全なものはどれかABCDの中から1つ選びなさい。

1回目

2回目

3回目

A：http://www.nagoya-chintai.com/chintai/
chintai-nagoya/chintai.html

B：http://www.nagoya-chintai.com/nagoya/
chintai/nagoya.html

C：http://www.nagoya.com/chintai-nagoya/

D：http://www.nagoya-chintai.com/

第65問

Q 次の文中の空欄 [ ] に入る最も適切な語句をABCDの中から1つ選びなさい。

1回目

2回目

3回目

SEOをする上でどちらの階層構造が有利だということは直接的にはないが、[ ] 構造のほうがページが整理されているので各ページ内のサイト内リンクもきちんと整理されることがあるため、結果的に有利になることがある。

A：直列

B：並列

C：ツリー

D：ドメイン

正解　D：http://www.nagoya-chintai.com/

　1つのWebページのURLに同じキーワードを何度も書いて詰め込むと上位表示に逆効果になるということです。たとえば、「名古屋 賃貸」で上位表示したいからといって目標ページのURLを「http://www.nagoya-chintai.com/chintai/chintai-nagoya/chintai.html」や「http://www.nagoya-chintai.com/nagoya/chintai-nagoya/nagoya.html」と書くと同じキーワードが何度もURL内に書かれており見た目として不自然に感じられます。

　URL内に同じキーワードを何度も入れて意図的に検索順位を上げようとするのは避けてください。

正解　C：ツリー

　Webサイト内にあるページの階層構造には「並列型」と「ツリー型」の2種類があります。

　SEOをする上でどちらの階層構造が有利だということは直接的にはありません。しかし、ツリー構造のほうがページが整理されているので各ページ内のサイト内リンクもきちんと整理されることがあるため、結果的に有利になることがあります。

　しかし、並列型であれ、ツリー型であれ、各ページ内にあるサイト内リンクがきちんと整理されユーザーにも検索エンジンにもわかりやすくなっていればどちらの階層構造でも上位表示に有利、不利ということはありません。

第66問

Q 次の文中の空欄 [ ] に入る最も適切な語句をABCDの中から1つ選びなさい。

[ ] ページは、index.htmlなどのように、URL中に指定されたhtmlなどのデータが変化することなくそのまま送信される方式のWebページのことである。

A：法的

B：動的

C：静的

D：公的

第67問

Q 次の文中の空欄 [ ] に入る最も適切な語句をABCDの中から1つ選びなさい。

PHPや、PerlなどのCGIを実行して生成されるWebページのことを [ ] ページと呼ぶ。

A：起動的

B：実行的

C：静的

D：動的

正解　C：静的

　静的ページは、index.htmlなどのように、URL中に指定されたhtml
などのデータが変化することなくそのまま送信される方式のWebペー
ジのことです。誰がいつ見ても常に同じ内容が表示されます。

【静的ページのURLの例】
　http://example.com//index.html
　http://example.com/aboutus.html

正解　D：動的

　PHPや、PerlなどのCGIを実行して生成されるWebページのこと
を動的ページと呼びます。動的ページでは、アクセスするたびにWeb
サーバーで何かしらの処理が行われ、その結果によって表示される
Webページが生成されます。

【動的ページのURLの例】
　http://example.com/index.php
　http://example.com/cart.cgi=?id=1

第68問

Q 次の文中の空欄 [ ] に入る最も適切な語句をABCDの中から1つ選び
なさい。

上位表示に有利な階層構造にするには [ ] 階層構造にするべきである。

1回目

2回目
A：内部的に矛盾のない
B：合理的に矛盾のない

3回目
C：構造的に矛盾のない
D：論理的に矛盾のない

第69問

Q 次の文中の空欄 [ ] に入る最も適切な語句をABCDの中から1つ選び
なさい。

1回目
サイトのテーマを1つに絞り込んでテーマから逸れないコンテンツが掲載さ
れたページを一貫してサイトに追加すると [ ] の検索順位が上がりやす

2回目
くなる。

3回目
A：トップページ
B：カテゴリページ
C：サブページ
D：すべてのページ

正解　D：論理的に矛盾のない

　サイト構造の1つの改善余地が論理構造の改善です。トップページから最下層のページまで論理的にリンクされた階層構造の方がそうでない場合よりも上位表示にプラスに働きます。上位表示に有利な階層構造にするには論理的に矛盾のない階層構造にするべきです。

正解　A：トップページ

　論理的なサイト構造にすれば検索エンジンがそのサイトが何をテーマにしているのかを理解してくれるようになります。

　それを実現するための重要なポイントはWebサイトのテーマを何にするかを決めることです。サイトのテーマがはっきりせずにさまざまなテーマのWebページをサイトに掲載するとトップページの検索順位が上がりづらくなります。

　反対に、サイトのテーマを1つに絞り込んでテーマから逸れないコンテンツが掲載されたページを一貫してサイトに追加するとトップページの検索順位が上がりやすくなります。

第70問

Q 次の文中の空欄 [1] と [2] に入る最も適切なものをABCDの中から1つ選びなさい。

さまざまなテーマのコンテンツがある [1] サイトよりも、テーマを1つに絞り込んだ [2] 性の高いサイトの方が他の条件が同じ場合上位表示しやすくなる。

A : [1] マルチ [2] 独自

B : [1] 統合 [2] ニッチ

C : [1] 複合 [2] 特殊

D : [1] 総合 [2] 専門

第71問

Q 次の文中の空欄 [ ] に入る最も適切な語句をABCDの中から1つ選びなさい。

[ ] サイトのデメリットとしては、一定数のコンテンツをサイトに掲載してしまった後、掲載する情報のネタを探すのが難しくなりページを増やすことが難しくなることである。

A : 独自

B : 総合

C : 個人

D : 専門

正解　D：[1] 総合　[2] 専門

　さまざまなテーマのコンテンツがある総合的なサイトよりも、テーマを1つに絞り込んだ専門性の高いサイトの方が他の条件が同じ場合上位表示しやすくなります。

　たとえば、弁護士事務所が相続相談、交通事故相談、債務整理相談の3つのサービスを提供している場合、その弁護士事務所の3つすべてのサービスを鈴木弁護士事務所という総合サイトで情報提供するよりも、相続相談の専門性の高いサイトを作ったほうが相続相談やその他相続関連のキーワードで上位表示しやすくなります。

正解　D：専門

　専門サイトのメリットは次の2つがあります。
①サイトテーマが絞りこまれているので上位表示されやすい
②検索ユーザーがその時関心のある情報ばかりがあり、関心のない情報が少ないのでユーザーにとって見やすく、わかりやすい

　一方、次のようなデメリットがあります。
①一定数のコンテンツをサイトに掲載してしまった後、掲載する情報のネタを探すのが難しくなりページを増やすことが難しくなる
②上位表示を目指すキーワードの種類が多い場合、専門サイトを複数作ることになり、サイト運営の費用や手間がかかる

　専門サイトを作るかを決めるときには必ず継続的にコンテンツを増やせるテーマのものを作るよう心がけるようにすることと、サイトを更新し続ける体制を準備しなくてはなりません。

第72問

Q 次の文中の空欄 [　] に入る最も適切な語句をABCDの中から1つ選び なさい。

網羅率を高めるには [　] を使うことが有効である。

A：Googleが提供しているサーチコンソール

B：サイトのトラフィックを分析するソフト

C：Googleが提供しているGoogleアナリティクス

D：キーワード予測データを一括取得するソフト

第73問

Q 次の文中の空欄 [　] に入る最も適切な語句をABCDの中から1つ選び なさい。

地理的に離れた場所に複数の支店を運営している場合、支店ごとに [　] を取得してサイトを作るときは注意をしなくてはならない。

A：サーバースペース

B：ドメインネーム

C：Googleアカウント

D：Facebookアカウント

正解 D：キーワード予測データを一括取得するソフト

　網羅率を高めるにはキーワード予測データを一括取得するソフトを使うことが有効です。たとえば、自社サイトを「自動車」で上位表示したい場合は、キーワード予測データを一括取得するソフトの1つであるKeywordToolで自動車というキーワードの関連キーワードを調査します。

　検索ユーザーの興味を満たす関連キーワードをテーマにしたページをサイト内に1つひとつ追加していくことが網羅率を高めることになり、難関キーワードでも上位表示する道が開けます。決して自分が作りやすいトピック（話題）のページ、好きなトピックのページだけをサイトに増やすのではなく、ユーザーが求めているトピックは何かを絶えず調べてサイト内に網羅することを心掛けなくてはなりません。

正解 B：ドメインネーム

　地理的に離れた場所に複数の支店を運営している場合、支店ごとにドメインネームを取得してサイトを作るときは注意をしなくてはなりません。

　なぜなら、どの支店も商品やサービスの内容が同じ、または似通っているために掲載するコンテンツがほとんど重複してしまうことがあるからです。

　支店ごとにドメインネームを取得してサイトを作るときは、各支店の責任者やスタッフが更新するブログを設置するなどしてその支店ならではの独自コンテンツを増やしていくように心がけてください。

　そうしないと結局はほとんど同じ内容のサイトが増えていくだけになり、Googleのペナルティの対象になります。

第74問

Q 次の文中の空欄 [ ] に入る最も適切な語句をABCDの中から1つ選びなさい。

小さなサイトが大きなサイトよりも上位表示する理由は、サイト内に [ ] を増やしていくうちに最初はテーマを絞っていたサイトが徐々にもともとのテーマとは違った、あるいは逸れた内容が増えてしまうからである。

A：ソーシャルボタン

B：ブログ

C：文章

D：ページ

第75問

Q 次の文中の空欄 [ ] に入る最も適切な語句をABCDの中から1つ選びなさい。

専門サイトが作れずに1つのドメインネームで総合サイトを運営しなくてはならない場合は、総合サイトの中にいくつかの専門サイトのような [ ] を論理的に構築して総合サイトのトップページではなく、カテゴリページを目標ページにすると上位表示しやすくなる。

A：被リンク構造

B：階層構造

C：コンテンツ構造

D：メニュー構造

正解　D：ページ

　よく見かける現象としてGoogleで上位表示しているサイトにページ数が少ないサイトが上位表示していることがあります。

　ページ数が多いサイトの方が情報量が多く、アクセス数も多いことがほとんどなので、ページ数が少ない小さなサイトが上位表示しているのを見ると多くの人が驚きます。

　特に自社サイトよりもページ数が少ない小さなサイトが自社サイトの上に表示されているのを見ると不思議に思うだけではなく、理不尽に思うことがあります。なぜ、そのような現象が起きるのでしょうか？

　それはサイト内にページを増やしていくうちに最初はテーマを絞っていたサイトが徐々にもともとのテーマとは違った、あるいは逸れたページが増えてしまうからです。

正解　B：階層構造

　どうしても専門サイトが作れずに1つのドメインネームで総合サイトを運営しなくてはならない場合は、総合サイトの中にいくつかの専門サイトのような階層構造を論理的に構築して総合サイトのトップページではなく、カテゴリページを目標ページにすることです。

第76問

Q ページエクスペリエンスシグナルに含まれないものをABCDの中から1つ選びなさい。

A：FID

B：PDS

C：CLS

D：LCP

第77問

Q サーチコンソール内の「カバレッジ」を見る上で最も重要な視点はどれか? ABCDの中から1つ選びなさい。

A：インデックス数の増減を見ること

B：インデックス数が減っているかを見ること

C：インデックス数が増えているかを見ること

D：インデックス数が安定しているかを見ること

正解　B：PDS

　ページエクスペリエンスシグナルは、次の6つの要素から構成され
ます。
①読み込みパフォーマンス(LCP)
②インタラクティブ性(FID)
③視覚的安定性(CLS)
④モバイルフレンドリー
⑤HTTPSセキュリティ
⑥煩わしいインタースティシャルがない

正解　A：インデックス数の増減を見ること

　重要なのはインデックス数が減っているか、増えているかその増減
の傾向を見ることです。
　もしもインデックス数が減っている傾向にあるならばサイト内の
ページをサイト管理者自らが削除していない限り、Googleがサイト
内で評価しているページ数が減っているということになります。その
原因はほとんどの場合、サイト内のページの品質が現在のGoogleの
基準では低くなっていることを意味します。
　その場合、品質が低そうなページを見つけて品質を高めるためにコン
テンツを編集するか、文章を追加することが取るべき対策になります。
　反対に、インデックス数が増えている傾向にあるならば自社サイト
内にあるコンテンツの品質は現在のGoogleの基準でみても問題が
ないことを意味します。

第78問

Q 次の文中の空欄 [ ] に入る最も適切な語句をABCDの中から1つ選び
なさい。

1回目

[ ] というのはGoogleがサイト内のページの情報を読み取れなかったこと
をいう。

2回目

A：インデックスエラー

3回目

B：レジストリーエラー

C：クロールエラー

D：登録エラー

第79問

Q 次の文中の空欄 [ ] に入る最も適切な語句をABCDの中から1つ選び
なさい。

1回目

サーチコンソールには、モバイル版サイトがスマートフォンを使うユーザー
に使いやすくなっているかを調べる画面がある。それは [ ] という項目

2回目

である。

3回目

A：「モバイルファースト」

B：「モバイルインデックス」

C：「モバイルセキュリティ」

D：「モバイルユーザビリティ」

正解　C：クロールエラー

　クロールエラーというのはGoogleのクローラーがサイト内のページの情報を読み取れなかったことをいいます。クロールエラーの原因はサーチコンソールの「カバレッジ」の画面下にある「詳細」の部分に表示されており、それぞれの原因をクリックすると、どのページがその原因によりクロールエラーになっているのかがわかります。

正解　D：「モバイルユーザビリティ」

　近年、重要性を増しているスマートフォン版サイトが、スマートフォンを使うユーザーに使いやすくなっているかを調べる画面があります。「モバイルユーザビリティ」という項目でそれを見ることができます（ユーザビリティとは使いやすさ、使い勝手という意味です）。
　モバイルユーザビリティを見るためには左サイドメニューの「エクスペリエンス」→「モバイルユーザビリティ」をクリックします。
　画面の中段にある「詳細」というところに具体的な問題点が表示されます。

第80問

Q SEOの分野においてHTTPSとは何のための技術だと認識されているのか？　最も適切な説明をABCDの中から1つ選びなさい。

A：ユーザーがWebページをサーバーから自分のデバイスにダウンロードするときに競合サイトよりもスピードを速くして、より良いユーザー体験を提供するための技術

B：Googleアナリティクスで暗号化されて見えなくなっているGoogleからの流入キーワードをGoogleアナリティクス上で見えるようにするための技術

C：ユーザーがWebページをサーバーから自分のデバイスにダウンロードするときに他人にその内容を盗み見されたり、改ざんされないようにデータを暗号化するための技術

D：Googleアナリティクスで暗号化されて見えなくなっているGoogleからの流入キーワードをサーチコンソールの検索パフォーマンス上で見えるようにするための技術

第81問

Q 次の文中の空欄 ［　］ に入る最も適切な語句をABCDの中から1つ選びなさい。

サイトのインデックス状況が改善がされないようならばサーチコンソール内にある［　］という機能を使うことが推奨される。

A：インデクサ

B：サイトマップ

C：クローラー

D：構造化マップ

正解　C：ユーザーがWebページをサーバーから自分のデバイスにダウン
　　　　ロードするときに他人にその内容を盗み見されたり、改ざんされ
　　　　ないようにデータを暗号化するための技術

　　HTTPSセキュリティという技術は、ユーザーがWebページをサー
バーから自分のデバイスにダウンロードするときに他人にその内容を
盗み見されたり、改ざんされないようにデータを暗号化するための技
術だと認識され使用されています。

　　サイト内のすべてのページをHTTPS化することにより、すべての
ページのURLの先頭に「https://」という文字列が表示されるよう
になります。そうするとユーザーが使っているブラウザの上部にある
URL表示欄には鍵の印が表示されるようになり、ユーザーに安心感
を与えることが可能になります。

　　実際にサイト内のすべてのページをHTTPS化することはサイトの
セキュリティを強化することになり、ユーザーがWebサイトを安全に
閲覧することが可能になります。

正解　B：サイトマップ

　　サイトのインデックス状況が改善がされないようならば、サーチコ
ンソール内にある「サイトマップ」という機能を使うことが推奨されま
す。ここでいうサイトマップというのは自社サイト内に設置するサイト
マップページとはことなり、サーチコンソール上でGoogleに自社サイ
ト内にあるWebページを漏れなくインデックスしてもらうための通知
機能のことをいいます。

第82問

 Q 次の文中の空欄 [ ] に入る最も適切な語句をABCDの中から1つ選び
なさい。

視覚的安定性という言葉は [ ] の日本語訳である。

A：Calculated Layout Shift

B：Cognitive Layout Sway

C：Scalable Layout Shift

D：Cumulative Layout Shift

第83問

Q Googleなどの検索エンジンによる自社サイトのインデックスを拒否する方法
として正しいものをABCDの中から1つ選びなさい。

A：ヘッダー部分に<meta name="robot" content="noindex">
を記述する

B：ヘッダー部分に<meta name="robots" content="noindex">
を記述する

C：ヘッダー部分に<meta name="robot" content="nofollow">
を記述する

D：ヘッダー部分に<meta name="robots" content="nofollows">
を記述する

正解　D：Cumulative Layout Shift

　視覚的安定性はCumulative Layout Shif(CLS)と呼ばれるもの
で、ユーザーが1つのWebページにアクセスしたときにページ内のレ
イアウトのずれがどれだけ発生しているかを表す指標です。

　この指標をGoogleが導入した理由はレイアウトのずれが頻繁に起
きるページはユーザーにとって良好なユーザー体験を提供できてい
ないため、サイト運営者に対して改善を促すためのものです。

　CLSの目標値は0.1以下と公表されています。サイトにある各ペー
ジのCLSのスコアもPageSpeed Insightsで調べるとわかります。

正解　B：ヘッダー部分に<meta name="robots" content="noindex">
　　　を記述する

　Googleなどの検索エンジンにインデックスしてほしくないWeb
ページはHTMLソースのヘッダー部分に次のように記述するとイン
デックスから除外してもらうことができます。

<meta name="robots" content="noindex">

第 6 章

構造化データ

第84問

Q セマンティックWeb構想とは何か? 最も適切なをABCDの中から1つ選びなさい。

A：Web上のデータの信頼性を追求するべきであるという考え方
B：Web上のデータの安全性を追求するべきであるという考え方
C：Web上のデータに意味を持たせるべきであるという考え方
D：Web上のデータの所在を明確にすべきだという考え方

第85問

Q 構造化データを使用するメリットについて最も適切な説明をABCDの中から1つ選びなさい。

A：構造化データを使用すると、サイト全体の構造についてGoogle
　　が理解しやすくなり、そのサイトのさまざまなページが構造化
　　データを使用しない場合と比べてインデックスされやすくなる。
B：構造化データを使用すると、サイトのコンテンツについてGoogle
　　が理解しやすくなり、そのページのE-A-Tが高まり検索結果で上
　　位表示しやすくなる。
C：構造化データを使用すると、サイト全体の構造についてGoogle
　　が理解しやすくなり、サイト内にある各ページが構造化データを
　　使用しない場合と比べて上位表示しやすくなる。
D：構造化データを使用すると、サイトのコンテンツについてGoogle
　　が理解しやすくなり、ページに合わせて検索結果の特別な機能を
　　有効にして表示できるようになる。

正解 C：Web上のデータに意味を持たせるべきであるという考え方

　1998年にWeb（WWW：World Wide Web）の創始者であるティム・バーナーズ＝リー（Timothy J. Berners-Lee）氏が「セマンティックWeb」構想を提唱しました。セマンティックWeb構想とはWeb上のデータに意味を持たせるべきであるという考え方です。

正解 D：構造化データを使用すると、サイトのコンテンツについてGoogleが理解しやすくなり、ページに合わせて検索結果の特別な機能を有効にして表示できるようになる。

　構造化データとは、ページに関する情報を提供し、ページコンテンツ（たとえばレシピのページでは、材料、加熱時間と加熱温度、カロリーなど）を分類するための標準化されたデータ形式です。構造化データを使用すると、サイトのコンテンツについてGoogleが理解しやすくなり、ページに合わせて検索結果の特別な機能を有効にして表示できるようになります。
【参考】構造化データの仕組みについて
　https://developers.google.com/search/docs/
guides/intro-structured-data

第86問

Q Microdataのメリットとデメリットについて最も正しい説明をABCDの中から1つ選びなさい。

1回目

2回目

3回目

A：HTMLタグを使ってデータを定義しないため、構造化した箇所と実際のHTMLが矛盾しないというメリットがあるが、構造化データの技術者が不足しているためメンテナンスコストがかかる

B：JavaScriptを使ってデータを定義するため、既存のJavaScriptの構造と一致しやすいメリットがあるが、JavaScriptファイル同士の干渉が発生するためメンテナンスコストがかかる

C：HTMLタグを使ってデータを定義するため、構造化した箇所と実際のHTMLが一致しやすいメリットがあるが、HTMLの上から下まで全体に設定するためメンテナンスコストがかかる

D：JavaScriptを使ってデータを定義するため、構造化したHTML内のCSSと親和性が高いというメリットがあるが、JavaScriptファイルとHTML内のCSSの両方の技術力が求められるためメンテナンスコストがかかる

第87問

Q 次の文中の空欄 ［　］ に入る最も適切な語句をABCDの中から1つ選びなさい。

1回目

2回目

3回目

JSON-LDは他の2つの構造化マークアップ方法と比較しても、［　］のどこに記述しても構わない点、ソースに影響を及ぼさない点、記述量が少なくて済む点がメリットとしてある。デメリットは他の2つと異なり、実際の ［　］ に記載している内容と同様の記述をしないといけないため、［　］修正のたびにJSON-LDも修正する必要がある点である。

A：HTML
B：JavaScript
C：XML
D：.htaccess

正解 **C：HTMLタグを使ってデータを定義するため、構造化した箇所と実際のHTMLが一致しやすいメリットがあるが、HTMLの上から下まで全体に設定するためメンテナンスコストがかかる**

　　Microdataはschema.orgが最初に仕様統一をした構造化マークアップ手法です。最初に統一されたため、現在でも多くのWebサイトで利用されています。MicrodataではHTMLタグを使ってデータを定義するため、構造化した箇所と実際のHTMLが一致しやすいメリットがありますが、HTMLの上から下まで全体に設定するためメンテナンスコストがかかります。

正解 **A：HTML**

　　JSON-LDは他の構造化マークアップ方法と比較しても、HTMLのどこに記述しても構わない点、ソースに影響を及ぼさない点、記述量が少なくて済む点がメリットとしてあります。デメリットは他の2つと異なり、実際のHTMLに記載している内容と同様の記述をしないといけないため、HTML修正のたびにJSON-LDも修正する必要がある点です。

第88問

Q JSON-LDとは何の略か？　正しいものをABCDの中から1つ選びなさい。

A：JavaScript Object Notation と Link Definition
B：JavaScript Objective Network と Link Data

C：JavaScript Object Network と Linked Deligation
D：JavaScript Object Notation と Linked Data

第89問

Q 2020年2月現在、Googleが対応している構造化データの種類に当てはまるものはどれか？　最も適切な組み合わせをABCDの中から1つ選びなさい。

A：レシピ、求人情報、イベント、読み上げ可能、CLS
B：漫画、求人情報、イベント、ローカルビジネス
C：求人情報、イベント、CLS、ページエクスペリエンス
D：パンくずリスト、レシピ、求人情報、イベント

正解　D：JavaScript Object Notation と Linked Data

　　JSON-LDとはGoogleが推奨している構造化マークアップです。

　　JSON-LDの「JSON」は「JavaScript Object Notation」（ジャバスクリプトオブジェクトノーテーション）の略です。

　　LDは「Linked Data」（リンクト・データ）の略です。

正解　D：パンくずリスト、レシピ、求人情報、イベント

　　2020年2月現在、Googleが対応している構造化データの種類には次のものがあります。

・記事	・商品
・よくある質問	・パンくずリスト
・レシピ	・求人情報
・コース	・サイトリンク検索ボックス
・ローカルビジネス	・データセット
・読み上げ可能	・映画
・イベント	・動画
・ファクトチェック	・書籍
・Q&A	・How-to
・カルーセル	・レビュースニペット
・職業訓練	・評論家レビュー
・ソフトウェアアプリ	・ロゴ
・雇用主の平均評価	・職業
・定期購入とペイウォールコンテンツ	

第90問

Q 次のソースコードは何の構造化データの一部である可能性が高いか? 最も適切なものをABCDの中から1つ選びなさい。

```
        "@type": "Answer",
        "text": "<p>Most unopened items in new condition and
returned within <b>90 days</b> will receive a refund or exchange.
Some items have a modified return policy noted on the receipt or
packing slip. Items that are opened or damaged or do not have a
receipt may be denied a refund or exchange. Items purchased online
or in-store may be returned to any store.</p><p>Online purchases
may be returned via a major parcel carrier. <a href=http://example.
com/returns> Click here </a> to initiate a return.</p>"
        }
    }, {
        "@type": "Question",
        "name": "How long does it take to process a refund?",
        "acceptedAnswer": {
```

A：レビュースニペット

B：Q&A

C：How-to

D：ファクトチェック

正解　B：Q&A

　　Google公式サイト内にある『構造化データを使用して「よくある質問」をマークアップする』(https://developers.google.com/search/docs/guides/search-gallery)によると「よくある質問」、つまりQ&Aの構造化データの具体的なソースコードのサンプルが掲載されています。このソースコードにあるようにQ&AのQの部分は次のように記述します。

　　"@type": "Question",

　　Aの部分には次のように記述します。

　　"@type": "Answer",

第91問

Q 次のソースコードは何の構造化データの一部である可能性が高いか? 最も適切なものをABCDの中から1つ選びなさい。

```
"@context": "https://schema.org",
"@type": "WebSite",
"url": "https://www.example.com/",
"potentialAction": {
  "@type": "SearchAction",
  "target": {
    "@type": "EntryPoint",
    "urlTemplate": "https://query.example.com/search?q={search
_term_string}"
```

A：ソフトウェアアプリ

B：データセット

C：サイトリンク検索ボックス

D：ファクトチェック

正解　C：サイトリンク検索ボックス

　Google公式サイト内にある「サイトリンク検索ボックス」（https://developers.google.com/search/docs/advanced/structured-data/sitelinks-searchbox?hl=ja）によると「サイトリンク検索ボックス」の構造化データにはこのsearch、つまり検索を意味する単語を含むサンプルコードが掲載されています。

第 7 章

応用問題

Q Googleが公開しているGeneral Guidelinesによると、Googleはページ内のコンテンツを分析する際に1つのページを3つのセクションに分割している。この考えに基づいて次の図を見たときに、最も適切な説明をABCDの中から1つ選びなさい。

1回目

2回目

3回目

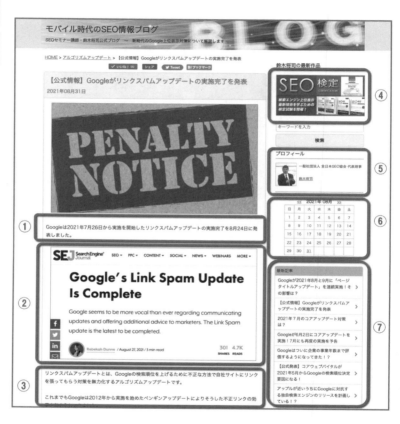

A：①、②、③、⑤はメインコンテンツである

B：④、⑤、⑥、⑦はサプリメンタリーコンテンツである

C：②、④、⑤はメインコンテンツである

D：②、④、⑤、⑦はサプリメンタリーコンテンツである

正解　B：④、⑤、⑥、⑦はサプリメンタリーコンテンツである

　　Googleが公開しているGeneral Guidelinesによると、Googleはページ内のコンテンツを分析する際に1つのページを次の3つのセクションに分割して評価しています。

①メインコンテンツ（MC）

②サプリメンタリーコンテンツ（SC）

③広告（Ads）

　　メインコンテンツ（MC）とは「ページが達成しようという目的を直接達成する部分のことで、ウェブ管理者が直接管理できる部分」のことをいいます。メインコンテンツはテキスト（文字）、画像、動画、プログラム（計算機能やゲーム）、またはユーザーが生成してアップロードした動画、レビュー、記事などを含みます。

　　サプリメンタリーコンテンツ（SC）とは「ページ内でユーザーが良いユーザー体験を得られるようにするためのコンテンツで、そのページが達成する目的を直接的に達成するものではありません。サプリメンタリーコンテンツはウェブ管理者が管理できる部分であり、サプリメンタリーコンテンツの主要なものとしてはユーザーがサイト内にある他のページに移動するためのナビゲーションリンクがあります」というものです。

　　広告（Ads）とは「ページから収益を得るために掲載されているコンテンツまたはリンク」のことをいいます。

　　これらの定義に基づいてこの図を見ると、④、⑤、⑥、⑦はユーザーがサイト内にある他のページに移動するためのナビゲーションリンクなのでサプリメンタリーコンテンツだといえます。

第93問

Q 次の4つのページの中でGoogleが評価する本文テキストが最も多いページはどれか？　最も可能性が高いものをABCDの中から1つ選びなさい。

1回目

2回目

3回目

A:

上記の通り、イラストレーター以外は、こちらで原稿作成いたしますが、
書体はこちらにある近似書体になりますのでご了承ください。
ロゴやイラストがある場合はトレース料(3,000円/1点)がかかります。

原稿は1案（書体や色違いなら3案まで）お出し致します。
修正は何度でも無料です。
提案をご希望される方は、デザイナーズプランをご検討下さい。

なお文字数が多い場合は、テキストデータの入稿をお願いする場合がございますのでご了承下さい。
当社で入力する場合は別途テキスト入力料金がかかります。

以下に、それぞれのソフトでご入稿いただく際の注意点を 書いておりますので参考になさってください。

B:

Q2．私は貴病院から遠方に住んでいますが、
どうすればその不便さをうまくこなせるでしょうか？
→遠方の患者さんの場合は？

Q3．他院でオペを受けたらこれまでお世話になった循環
器内科の先生に見捨てられないでしょうか？
→お答えはこちら

Q4．今後そちらでかかりつけ医としてずっと外来通院
したいのですが、、、
→かかりつけ医の大切さ

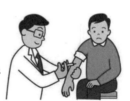

Q5．現在通っている病院では心配なのでセカンドオピニ
オンをもらいたいのですが、、、

→セカンドオピニオンのもらい方

Q6. 付き添いは必要ですか？
→付き添いさんについて

Q7．私は80歳近い後期高齢者だし、もう生きる意味があるんでし
ょうか？
→後期高齢者の患者さん

C：

D：

筒井さん：「保険関係の仕事をしていることから、私は自己破産をするわけにはいきません。

感情的には許せない部分が大きいですが、住宅ローンを組む際は正直そこまで想定していなかったので、仕方がないと今は思います。とにかく、無事に解決できてよかったです」

▲ケース一覧に戻る

離婚前後の任意売却　よく頂く質問

質問（1）　離婚のタイミングで連帯保証人から外れることはできますか？

質問（2）　別れた夫が知らない間に住宅ローンを滞納していました。引っ越さないといけない？

質問（3）　名義人の元夫が住宅ローンを滞納。連絡が取れません。任意売却は可能でしょうか？

質問（4）　別れた妻（連帯保証人）が住む家を任意売却したいのですが・・・

質問（5）　返済が厳しいのに売却しない夫。離婚したいが・・・。

質問（6）　離婚します。その後の住宅ローンが気になります。

質問（7）　元夫が住宅ローン滞納。その家に住んでいるのですが。

質問（8）　任意売却をするのに元夫に現住所を知られたくない。

質問（9）　元夫が任意売却をします。連帯保証人の私はどうなりますか。

質問（10）　住宅ローンが残っていますが、離婚後にできるだけ多くお金を残すマンションの売り方は？

質問（11）　離婚後、妻が管理費を滞納したら？住宅ローンが残っている場合、離婚前の名義書き換えは？

正解 A

本文のテキストが最も多いのはA。

Bもテキスト量が多く見えますが、実際には「遠方の患者さんの場合は」という箇所がテキストリンクになっています。テキストリンクはリンク先のことを記述しているに過ぎないので、テキストリンクがあるページのテキストとは評価されにくくなります。

Cもテキスト量は多く見えますが、数字や地域名、販売店名などの名詞ばかりになっています。Googleが高く評価するテキストは「です、ます」などの助動詞、「てにをは」などの助詞が含まれた文章ですが、このページにはそうした言葉がほとんど含まれていません。

Dはも一見、テキスト量が多く見えますが、テキストリンクが非常に多くを占めています。

＜メモ＞

第94問

Q 次の図は何の画面か？ 最も適切な語句をABCDの中から1つ選びなさい。

1回目

2回目

3回目

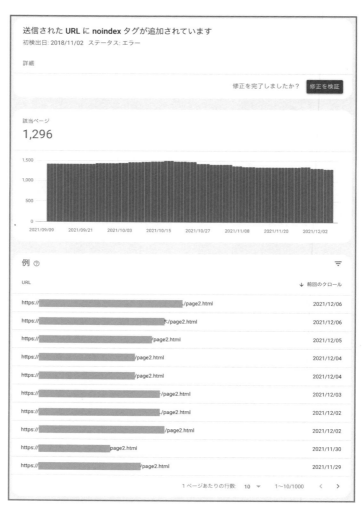

A：LCPの原因

B：サーバーエラーの原因

C：CLSの原因

D：クロールエラーの原因

D：クロールエラーの原因

　　クロールエラーというのはGoogleのクローラーがサイト内のページの情報を読み取れなかったことをいいます。

　　クロールエラーの原因はサーチコンソールの「カバレッジ」という項目のページにある「詳細」の部分に表示されており、それぞれの原因をクリックすると、どのページがその原因によりクロールエラーになっているのかがわかります。

　　サーバーエラーの原因はサーチコンソールではなく、サーバー会社のユーザー管理画面などで知ることができます。

　　LCPはLargest Contentful Paintの略で読み込みパフォーマンスのことをいいます。これはユーザーが1つのWebページにアクセスしたときにそのページが表示され終わったと感じるタイミングを表す指標です。

　　CLSはCumulative Layout Shiftの略で視覚的安定性のことをいいます。これはユーザーが1つのWebページにアクセスしたときにページ内のレイアウトのずれがどれだけ発生しているかを表す指標です。

第95問

Q 次のデータは何のデータか？ 最も適切な語句をABCDの中から1つ選びなさい。

	A	B	C	D	E	F	G
1	Ad group	Keyword	Currency	Avg. Monthly S	Competition	Suggested bid	Impr. share
2	示談 金	交通事故 示談金	JPY	1600	0.94	1534	
3	示談 金	交通事故示談金相場	JPY	1000	0.95	1185	
4	示談 金	事故 示談金	JPY	590	0.98	902	
5	示談 金	交通事故 示談金 計算	JPY	320	0.98	1149	
6	示談 金	示談金 相場	JPY	1000	0.9	565	
7	示談 金	交通事故の示談金	JPY	140	0.96	867	
8	示談 金	人身事故 示談金 相場	JPY	70	0.7		
9	示談 金	事故の示談金	JPY	140	0.97	788	
10	示談 金	事故示談金計算	JPY	110	0.95	704	
11	示談 金	人身事故 示談金	JPY	210	0.78	498	
12	示談 金	示談金 交通事故	JPY	140	0.95	988	
13	示談 金	事故 示談金 相場	JPY	260	0.96	759	
14	示談 金	交通事故 示談金とは	JPY	40	0.92	2016	
15	示談 金	示談金 慰謝料	JPY	210	0.94	735	
16	示談 金	交通事故示談金の相場	JPY	110	0.97	1141	
17	示談 金	保険 示談金	JPY	20	0.89	897	
18	示談 金	事故の示談金相場	JPY	90	0.96	740	
19	示談 金	交通事故 慰謝料 示談金	JPY	70	0.96	1752	
20	示談 金	物損事故示談金相場	JPY	70	0.44		
21	示談 金	自動車事故 示談金	JPY	50	0.71	809	
22	示談 金	交通事故示談金慰謝料	JPY	90	0.97	1297	
23	示談 金	自動車事故示談金相場	JPY	50	0.94	535	
24	示談 金	むち打ち示談金	JPY	40	0.99	1023	
25	示談 金	自転車事故 示談金 相場	JPY	70	0.81	1480	
26	示談 金	ムチ打ち 示談金	JPY	40	0.95	683	
27	示談 金	車 事故 示談金	JPY	50	1	772	
28	示談 金	慰謝料 示談金	JPY	50	0.85	860	
29	示談 金	事故 慰謝料 示談金	JPY	30	0.98	608	
30	示談 金	子供交通事故示談金	JPY	30	0.97	669	
31	示談 金	交通事故 示談金 内訳	JPY	90	0.97	1335	
32	示談 金	交通事故 慰謝料 示談金 相場	JPY	70	0.96	1679	
33	示談 金	交通事故被害者示談金	JPY	20	0.99	444	
34	追突	追突事故 慰謝料	JPY	2400	0.95	894	
35	追突	追突事故 過失割合	JPY	480	0.38	428	
36	追突	追突事故 示談金	JPY	480	0.94	937	
37	追突	追突事故 示談	JPY	480	0.82	603	
38	追突	追突事故 慰謝料 相場	JPY	1300	0.82	848	

A：Googleキーワードプランナーのデータ

B：Googleキーワードサジェストのデータ

C：Googleアナリティクスのデータ

D：サーチコンソールのデータ

正解　A：Googleキーワードプランナーのデータ

　Googleキーワードプランナーでは、検索ユーザーの検索履歴データを集計して、平均月間検索数や競合性などのデータをCSV形式でダウンロードできるようになっています。

　検索ユーザーがどのようなキーワードを検索しているかを知る方法はいくつかありますが、最もポピュラーな方法がGoogleキーワードプランナーの活用です。

・Googleキーワードプランナー

　https://ads.google.com/intl/ja_jp/home/tools/

keyword-planner/

第96問

Q 次の図は何か？　最も適切な語句をABCDの中から1つ選びなさい。

A：キーワードサジェスト

B：キーワードプランナー

C：キーワードアドバイザー

D：キーワードフォーキャスト

第97問

Q 次の図は何を説明する図か？　最も適切な語句をABCDの中から1つ選びなさい。

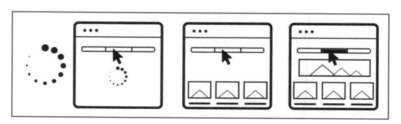

A：FIDとは何かを説明する図

B：FCPとは何かを説明する図

C：CLSとは何かを説明する図

D：LCPとは何かを説明する図

正解　A：キーワードサジェスト

　キーワード予測とは、検索エンジンのキーワード入力欄に何らかのキーワードを入れるとそのキーワードを核にした複合キーワードを検索エンジンが自動的に複数、表示するユーザーを補助する機能です。

　キーワードサジェストとも呼ばれ、ユーザーがより短時間で探している情報を見つけやすいように補助するものです。通常、上の方から順番に検索数が多いものが表示されるようになっています。

　Yahoo! JAPANはGoogleの検索データを使っていますが、Yahoo! JAPAN上で検索されるキーワードは独自に集計しており、キーワードサジェストはYahoo! JAPAN独自のものが表示されます。また、Yahoo! JAPANやGoogleとは提携関係がなく独自で検索エンジンを運営しているマイクロソフト社のMicrosoft Bingには、Microsoft Bing独自のキーワード予測データが表示されます。

正解　A：FIDとは何かを説明する図

　FIDとはFirst Input Delay（初回入力遅延）の略で、インタラクティブ性のことをいいます。これはユーザーが1つのWebページ上で何らかの動作を行ったときに、それが実行されるまでどれだけ待つかを表す指標です。

　この図ではユーザーがWebページのヘッダー部分にある3つのパーツのうち2つ目のパーツにマウスオーバーしたときに表示されるコンテンツが完全に表示されるのを待っている様子を描いています。

【出典】What Is First Input Delay（FID）?
　　　https://edgemesh.com/blog/what-is-first-input-delay-fid

第98問

 「債務整理」の共起語の可能性が最も高いものをABCDの中から1つ選び
なさい。

1回目

2回目

3回目

A：交通事故、保険料、減額、自動車、警察、新聞

B：慰謝料、男女、悩み、離婚請求、訴える、子供

C：遺言書、遺産、相続手続き、弁護士、税理士、銀行

D：借金、業者、司法書士、弁護士、利息、無料

正解 D：借金、業者、司法書士、弁護士、利息、無料

　共起語ツールを使うと入力したキーワードが書かれているWeb
ページには他にどのようなキーワードが頻出するかをGoogleの検索
結果上位50サイトから抽出した頻出キーワードを知ることができま
す。これを見れば他のどのようなキーワードを狙うといいかが参考に
なります。

【共起語検索】

http://neoinspire.net/cooccur/

　実際にこのツールに「債務整理」という言葉を入れると、次のような
共起語が表示されます。

整理（1388）、債務（861）、借金（679）、任意（625）、
弁護士（466）、返済（333）、自己破産（316）、再生（306）、
個人（300）、相談（297）、過払い（274）、事務所（261）、
場合（256）、司法書士（231）、手続き（231）、請求（185）、
メリット（164）、利息（162）、債権者（160）、費用（160）、
デメリット（157）、方法（151）、調停（139）、法律（136）、
無料（133）、問題（127）、業者（125）

Q 次の図の中で最もクリック率が低いと思われるものをABCDの中から1つ選びなさい。

1回目

2回目

3回目

A：

> **このページの次に読んで頂きたいオススメ記事**
> 加齢臭対策の食事と合わせて取り組みたいことが、「酸化を抑える栄養素」を摂取することです。これらを抗酸化物質と言います。
> 抗酸化物質にはどのようなものがあるのでしょうか？
> ・・・<u>体の中から加齢臭をブロック、「抗酸化物質」</u>

B：

> 今お読みいただいた記事は、**「加齢臭を抑えるための食生活」**というカテゴリーのトップページになります。
> このカテゴリーでは、「加齢臭をブロックするための食事や食材、調理方法など」についてご紹介し、分かりやすく解説させて頂いております。
>
> **以下の記事がこのカテゴリーの記事の一覧です。**
> **クリックして頂くと、詳細ページが表示されます。**
>
> ○ <u>加齢臭対策には菜食がオススメ！</u>

C：

> **2、年齢と共に強くなる酸化**
> また、加齢と共に酸化反応が起こりやすくなってきます。
> これは、<u>活性酸素</u>が関係していると言われています。
> 活性酸素は体内で発生する酸素の一種で、体内に侵入した細菌などを撃退する働きがあると言われています。
>
> しかし、この活性酸素が増えすぎると、老化や生活習慣病、がんなどにつながります。
> 通常、人の体には活性酸素が過度に発生するのを抑える働きがあります。
> この働きが年齢と共に弱くなり、過度な活性酸素が発生するようになってきます。
> その結果、酸化反応につながってきます。

D：

> そんな時に、**手軽に野菜を摂れるのが野菜ジュース**です。
> 今は、一本飲むだけで一日分の野菜を摂れるようなものもありますから、ぜひ毎日の食事に組み込むべきなのです。
>
> 🔲 <u>妻から臭いと言われた方へ。サプリ1日2粒飲むだけ、最短7日間でスッキリ！無臭物語ジェントルエッセンスの詳細はこちら</u>
>
> 🔲 <u>無臭物語ジェントルエッセンスで悩みを解消した体験談を見てみる</u>

| 正解 | C |

　文中からリンクを張ると急いでいるユーザーの目に止まらずにクリック率が下がる傾向があります。

　一方、本文の文中からリンクを張るのではなく、本文が終わったところを段落改行してからリンクだということがはっきりとわかるようにサイト内リンクを張ったり、リンクだとはっきりわかる工夫を施すことによりリンクのクリック率は上がりやすくなります。

Q 次の図の中でどのサイトのトップページが最も「トヨタ　中古車」で上位表示されやすいサイト構造か?　ABCDの中から1つ選びなさい。

A：

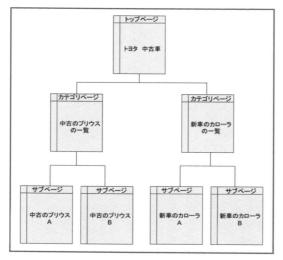

B：

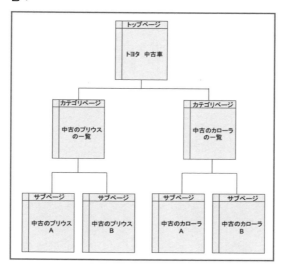

C：

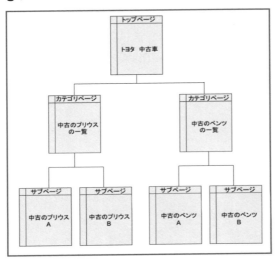

D：

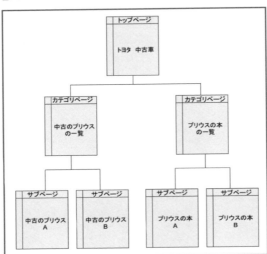

正解 B

　　サイトのトップページを上位表示させるには、サイト内のページの
テーマがトップページのテーマから逸れずに一致しているほうが有利
になります。Bは、どのページも中古車のページであり、かつトヨタ車
のページなので、Bが正解となります。

付 録

SEO検定3級 試験問題 （2021年7月・東京）

※解答は166ページ参照

第1問

Q：次の図は何のデータか。最も適切な語句をABCDの中から1つ選びなさい

	A	B	C	D	E	F	G
1	Ad group	Keyword	Currency	Avg. Monthly S	Competition	Suggested bid	Impr. share
2	示談 金	交通事故 示談金	JPY	1600	0.94	1534	
3	示談 金	交通事故示談金相場	JPY	1000	0.95	1185	
4	示談 金	事故 示談金	JPY	590	0.98	902	
5	示談 金	交通事故 示談金 計算	JPY	320	0.96	1149	
6	示談 金	示談金 相場	JPY	1000	0.9	565	
7	示談 金	交通事故の示談金	JPY	140	0.96	867	
8	示談 金	人身事故 示談金 相場	JPY	70	0.7		
9	示談 金	事故の示談金	JPY	140	0.97	788	
10	示談 金	事故示談金計算	JPY	110	0.95	704	
11	示談 金	人身事故 示談金	JPY	210	0.78	498	
12	示談 金	示談金 交通事故	JPY	140	0.95	988	
13	示談 金	事故 示談金 相場	JPY	260	0.96	759	
14	示談 金	交通事故 示談金とは	JPY	40	0.92	2016	
15	示談 金	示談金 慰謝料	JPY	210	0.94	735	
16	示談 金	交通事故示談金の相場	JPY	110	0.97	1141	
17	示談 金	保険 示談金	JPY	20	0.89	897	
18	示談 金	事故の示談金相場	JPY	90	0.96	740	
19	示談 金	交通事故 慰謝料 示談金	JPY	70	0.96	1752	
20	示談 金	物損事故示談金相場	JPY	70	0.44		
21	示談 金	自動車事故 示談金	JPY	50	0.71	809	
22	示談 金	交通事故示談金慰謝料	JPY	90	0.97	1297	
23	示談 金	自動車事故示談金相場	JPY	50	0.94	535	
24	示談 金	むち打ち示談金	JPY	40	0.99	1023	
25	示談 金	自転車事故 示談金 相場	JPY	70	0.81	1480	
26	示談 金	ムチ打ち 示談金	JPY	40	0.95	683	
27	示談 金	車 事故 示談金	JPY	50	1	772	
28	示談 金	慰謝料 示談金	JPY	50	0.85	860	
29	示談 金	事故 慰謝料 示談金	JPY	30	0.98	608	
30	示談 金	子供交通事故示談金	JPY	30	0.97	669	
31	示談 金	交通事故 示談金 内訳	JPY	90	0.97	1335	
32	示談 金	交通事故 慰謝料 示談金 相場	JPY	70	0.96	1679	
33	示談 金	交通事故被害者示談金	JPY	20	0.99	444	
34	追突	追突事故 慰謝料	JPY	2400	0.95	894	
35	追突	追突事故 過失割合	JPY	480	0.38	428	
36	追突	追突事故 示談金	JPY	480	0.94	937	
37	追突	追突事故 示談	JPY	480	0.82	603	
38	追突	追突事故 慰謝料 相場	JPY	1300	0.82	848	

A：Googleキーワードプランナーのデータ
B：サーチコンソールのデータ
C：Googleアナリティクスのデータ
D：Googleキーワードサジェストのデータ

第2問

Q：次の文中の空欄[　]に入る最も適切な語句をABCDの中から1つ選びなさい。

自動によるペナルティの基準では見分けがつかない不正リンクはGoogleが組織する[　]が肉眼で不審なページをチェックして不正かどうかを判断するというマンパワーを活用している。

A：マーケティングチーム
B：サーチクオリティチーム
C：リスティングチーム
D：技術チーム

第3問

Q：日本人の多くがホームページと呼ぶものは英語圏の国では何と呼ばれているか。最も適切な語句をABCDの中から1つ選びなさい。

A：インターネット
B：WWW
C：表紙
D：Webサイト

第4問

Q：「かばん」「カバン」「鞄」のすべてのパターンでGoogle上位表示を実現するにはどうすれば良いか。最も正しいものをABCDの中から1つ選びなさい。

A：それらすべてのパターンをページ内に書いてはいけない
B：それらすべてのパターンをページ内に均等に書く必要がある
C：それらすべてのパターンをページ内に均等に書いてはいけない
D：それらすべてのパターンをページ内に均等に書く必要はない

第5問

Q：次の文中の空欄[　]に入る最も適切な語句をABCDの中から1つ選びなさい。

ナビゲーションというのはWebページ内にある[　]のことである。

A：メニュー
B：テキスト
C：3大エリア
D：ボタン画像

第6問

Q：次の文中の空欄[　]に入る最も適切な語句をABCDの中から1つ選びなさい。

サイトのインデックス状況が改善がされないようならばサーチコンソール内にある[　]という機能を使うことが推奨される。

A：インデクサ
B：クローラー
C：構造化マップ
D：サイトマップ

第7問

Q：次の文中の空欄[　]に入る最も適切な語句をABCDの中から1つ選びなさい。

[　]がリンクを辿って収集したデータはいったんレポジトリという場所に置かれ、そこからインデックスデータベース内で情報が検索しやすいように分類される。

A：エディター
B：エクスプローラー
C：クローラー
D：スキャナー

第8問

Q：次の文中の空欄[ ]に入る最も適切な語句をABCDの中から1つ選びなさい。

Webページ内にJPGやGIFなどの画像を掲載するときにその画像が何の画像かを端的に説明するのが画像の[ ]という。

A：TITLE属性

B：コンテンツ属性

C：パーツ属性

D：ALT属性

第9問

Q：ドメインネームについて正しい記述をABCDの中から1つ選びなさい。

A：ドメインネームは一度購入したら途中で2回までしか変更することはできない

B：ドメインネームは一度購入したら途中で追加料金を払わなければ変更することはできない

C：ドメインネームは一度購入したら途中で変更することはできない

D：ドメインネームは一度購入したら途中で1回までしか変更することはできない

第10問

Q：次の文中の空欄[ ]に入る最も適切な語句をABCDの中から1つ選びなさい。

コアアップデートは[ ]から複数回実施されたGoogleのアルゴリズムアップデートである。

A：2011年

B：2012年

C：2015年

D：2018年

第11問

Q：Googleの検索結果に表示されることのないものは次のうちどれか。ABCDの中から1つ選びなさい。

A： URL

B：メタキーワーズ

C：メタディスクリプション

D：タイトルタグ

第12問

Q：Googleが被リンクを検索順位算定する際にモデルにしているものはどれか。ABCDの中から1つ選びなさい。

A：インターネット技術

B：学術論文

C：人工知能

D：情報工学の理論

第13問

Q：ドメイン名は4つのレベルから構成される。それら4つに含まれないものはどれか。ABCDの中から1つ選びなさい。

A：トップレベルドメイン
B：第2レベルドメイン
C：第3レベルドメイン
D：ハイレベルドメイン

第14問

Q：次の文中の空欄[　]に入る最も適切な語句をABCDの中から1つ選びなさい。

[　]ページは、index.htmlなどのように、URL中に指定されたhtmlなどのデータが変化することなくそのまま送信される方式のWebページのことである。

A：公的
B：動的
C：法的
D：静的

第15問

Q：次の文中の空欄[　]に入る最も適切な語句をABCDの中から1つ選びなさい。

検索意図とは検索ユーザーが検索するときに[　]コンテンツのことである。

A：ページのコンテンツとして期待する
B：利便性が高いと評価できる
C：他者から評価されており信頼できると思える
D：作者の制作意図が汲み取れる

第16問

Q：次の文中の空欄[　]に入る最も適切な語句をABCDの中から1つ選びなさい。

もしもインデックス数が減っている傾向にあるならばサイト内のページをサイト管理者自らが削除していない限り、Googleがサイト内で評価している[　]が減っているということになる。

A：サイト数
B：リンク数
C：ページランクの数値
D：ページ数

第17問

Q：Googleが取得した検索意図に関連する特許の1つの名称はどれか。ABCDの中から1つ選びなさい。

A：暗黙のユーザーフィードバックに基づいた検索ランキングの修正
B：明確なユーザービヘイビアに基づいた検索ランキングの修正
C：明示的なユーザーフィードバックに基づいた検索ランキングの修正
D：一般的なユーザービヘイビアに基づいた検索ランキングの修正

第18問

Q：次の文中の空欄［　］に入る最も適切な語句をABCDの中から1つ選びなさい。

［　］が今日のように普及する前はWebサイトを作るためにDreamweaverやホームページビルダーのようなホームページ作成ソフトを利用することが主流だった。

A：CMT
B：CTO
C：CMS
D：CEO

第19問

Q：次の文中の空欄［　］に入る最も適切な語句をABCDの中から1つ選びなさい。

［　］とは自社サイトにある各ページをどのような検索キーワードで上位表示をするのかを決め、それを目標化したものである。

A：指定キーワード
B：目標達成数
C：購入キーワード
D：目標キーワード

第20問

Q：次の図は何の画面か。最も適切な語句をABCDの中から1つ選びなさい。

4.8 A Well Cared For and Maintained Website

High quality large news websites are frequently updated, often adding news articles many times a day. **High** quality medical advice websites keep all of their informational pages current. Other websites, such as websites for small businesses, may be updated less frequently since addresses and store hours rarely change.

How frequently a website should be updated depends on its purpose. However, all **High** quality websites are well cared for, maintained, and updated appropriately.

4.9 Examples of High Quality Pages

Webpage/Type of Content	High Quality Characteristics/PQ Rating	PQ Rating and Explanation
High: Government agency US Naval Observatory Master Clock page	• Functional page design • Highly trustworthy for the purpose of the page	Lowest Medium Highest The purpose of this page is to display the official US Naval Observatory Master Clock time in 7 different time zones. The page displays the clock information in a clear, easy-to-read format. The Naval Observatory is highly trustworthy and authoritative for this type of information.
High: Humor Article on a humor website	• High quality humorous MC • Positive reputation as a humor website	Lowest Medium Highest This website is well known for its humorous, satirical articles. This is a cute example of a satisfying and funny article.
High: Small business 1 Local fish & chips restaurant	• Authoritative for the topic of the page	Lowest Medium Highest This is an "about us" page on a restaurant website. This page provides information on when the restaurant opened and what visitors can expect. Other pages on the website provide information about the restaurant including the address, menu, other contact information, etc. This website is highly authoritative because it is about itself.

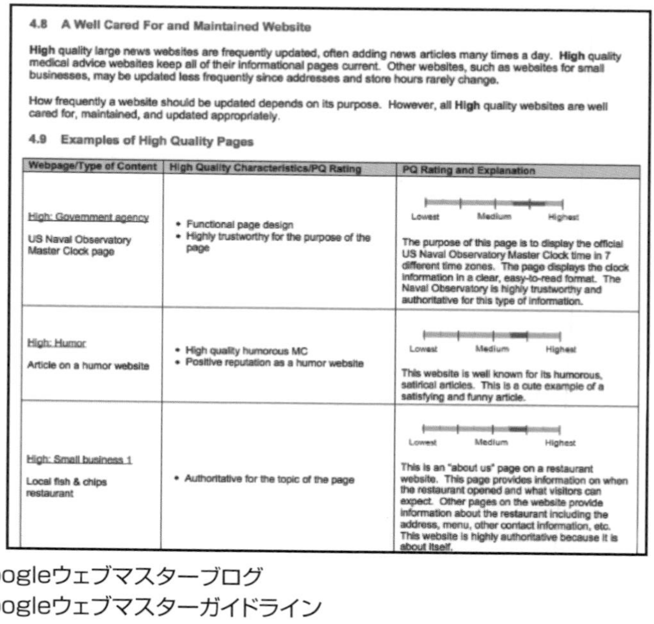

A：Googleウェブマスターブログ
B：Googleウェブマスターガイドライン
C：サーチクオリティガイド
D：検索品質評価ガイドライン

第21問

Q：次の検索キーワードは何と呼ばれるか最も適切なものをABCDの中から1つ選びなさい。

「表札　通販」、「インプラント　名古屋」、「交通事故　弁護士　千葉」、「賃貸マンション　港区」、「不用品回収　横浜」、「相続相談　東京」、「整体院　大阪」、「格安航空券　予約」、「ホームページ制作会社　福岡」

A：指名検索(Navigational Queries)
B：推定検索(Estimational Queries)
C：情報検索(Informational Queries)
D：購入検索(Transactional Queries)

第22問

Q：Googleが評価する自然なリンクはどれか。ABCDの中から1つ選びなさい。

A：<a href=" http://www.house.com">田中工務店</a>
B：<a href=" http://www.house.com">工務店　横浜</a>
C：<a href=" http://www.house.com">横浜の注文住宅なら田中工務店</a>
D：<a href=" http://www.house.com ">横浜の工務店</a>

第23問

Q：リストタグは箇条書きになる部分に使うタグでGoogleなどの検索エンジンに箇条書きであることを伝えるタグである。リストタグではないものはどれかABCDの中から1つ選びなさい。

A：<ol>
B：<ul>
C：<ls>
D：<li>

第24問

Q：次の文中の空欄[　]に入る最も適切な語句をABCDの中から1つ選びなさい。

Googleは近年、お金をもらって外部ドメインのWebページにリンクを張る場合はそれがリンクとして認識されないようにアンカータグ(<A href>)のところに[　]と記述することを求めている。

A：rel=nofollow
B：rel=noindex
C：rel=no-index
D：rel=nofollows

第25問

Q：次の文中の空欄［　］に入る最も適切な語句をABCDの中から1つ選びなさい。

1970年代に［　］という情報交換のための通信プロトコル（通信手順）が考案され、インターネットと呼ぶようになった。

A：コンピューター
B：TCP/IP
C：ドメインネーム
D：パケット通信

第26問

Q：次の文中の空欄［　］に入る最も適切な語句をABCDの中から1つ選びなさい。

目標キーワードを設定する際には上位表示の難易度別に3つに分類することがある。それらは：

（1）ビッグキーワード

（2）ミドルキーワード

（3）［　］キーワード

の3つの分類方法である。

A：シンプル
B：リトル
C：スモール
D：ロング

第27問

Q：次の文中の空欄［　］に入る最も適切な語句をABCDの中から1つ選びなさい。

H1タグとはWebページの［　］を意味するタグである。

A：見出し
B：大見出し
C：中見出し
D：小見出し

第28問

Q：正味有効テキストをWebページ内に増やすことは上位表示をするために重要なことだが、簡単ではないことが多いのが現実である。正味有効テキストを増やす工夫に含まれないものをABCDの中から1つ選びなさい。

A：関連した最新情報を最新ニュースとして追加する
B：画像を追加して画像の下に画像の説明文を書く
C：今ある段落の下にさらに補足の説明を加える
D：お客様の声ページに書かれている文章を複数のページに貼り付ける

第29問

Q：次の文中の空欄[　]に入る最も適切な語句をABCDの中から1つ選びなさい。

Googleは比較的最近まで静的ページは正確に[　]して理解することができる一方で、動的ページは認識できないことがあった。しかし近年になり格段に認識力が向上するようになった。

A：エンゲージメント

B：ランディング

C：リンク

D：インデックス

第30問

Q：次の文中の空欄[　]に入る最も適切な語句をABCDの中から1つ選びなさい。

[　]はWebサイトがどのくらいのユーザーに実際に閲覧されているかサイトのトラフィック量（アクセス数）をGoogleが直接的、間接的に測定しており特定のWebサイトの検索順位が上がるというメカニズムである。

A：企画・人気要素

B：外部要素

C：内部要素

D：技術要素

第31問

Q：「名古屋　賃貸」で上位表示を目指す上で最も効果的で安全なものはどれか。ABCDの中から1つ選びなさい。

A：http://www.nagoya-chintai.com/chintai/chintai-nagoya/chintai.html

B：http://www.nagoya.com/chintai-nagoya/

C：http://www.nagoya-chintai.com/

D：http://www.nagoya-chintai.com/nagoya/chintai/nagoya.html

第32問

Q：次の文中の空欄[　]に入る最も適切な語句をABCDの中から1つ選びなさい。

検索意図を推測するには実際に自分が上位表示を目指すキーワードで[　]ことである。

A：Google検索をする

B：サーチコンソールで調査する

C：共起語検索をする

D：Googleキーワードプランナーで調査する

第33問

Q：次の文中の空欄[ ]に入る最も適切な語句をABCDの中から1つ選びなさい。

短絡的に[ ]が多いキーワードで上位表示を目指しても、競合他社のSEO担当者もGoogleキーワードプランナーを見ることができるので、彼らも同じキーワードで上位表示を目指している可能性がある。しかも、競合他社が何年も前から上位表示を目指して多くのSEOを施している場合、そうやすやすと彼らの順位を抜くことはできない。

A：月間検索数
B：競合数
C：競合他社
D：競争率

第34問

Q：次の検索キーワードは何と呼ばれるか。最も適切なものをABCDの中から1つ選びなさい。

「遺言書の書き方」、「腰痛の原因」、「インプラント　デメリット」、「ホームページ　作り方」、「WordPress　設置方法」。

A：購入検索(Transactional Queries)
B：情報検索(Informational Queries)
C：推定検索(Estimational Queries)
D：指名検索(Navigational Queries)

第35問

Q：次の文中の空欄[ ]に入る最も適切な語句をABCDの中から1つ選びなさい。

キーワード出現頻度のSEOにおける重要性はどちらかというと[ ]。

A：年々重要性が低下している
B：年々一貫性が増している
C：年々重要性が高くなっている
D：年々一貫性が低下している

第36問

Q：次の文中の空欄[ ]に入る最も適切な語句をABCDの中から1つ選びなさい。

[ ]は、WWWサーバーの中で外部プログラムを実行するための仕組みを意味する。[ ]は、ブラウザからのアクセスによってWWWサーバー内でプログラムが実行され、その結果がブラウザへ返されるという仕組みになっている。

A：CSS
B：CEO
C：CTO
D：CGI

第37問

Q：正味有効テキストの定義に含まれないものはどれか。ABCDの中から1つ選びなさい。

A：そのページにしか書かれていないオリジナル文章

B：テキストリンク以外の文章

C：他のページにも書かれている共通の文章

D：単語の羅列ではない助詞、助動詞、句読点等が含まれた文章

第38問

Q：現在のキーワード出現頻度の説明として最も正しいものをABCDの中から1つ選びなさい。

A：上位表示を目指すサイトの種類と同じサイトを参考にキーワード出現頻度の理想値を求めるようにすることである。

B：上位表示を目指すサイトの種類と異なるサイトを参考にキーワード出現頻度の理想値を求めるようにすることである。

C：上位表示を目指すサイトの種類と同じサイトを参考にキーワード出現頻度の上限値を求めるようにすることである。

D：上位表示を目指すサイトの種類と異なる数値を参考にキーワード出現頻度の理想値を求めるようにすることである。

第39問

Q：次の文中の空欄[　]に入る最も適切な語句をABCDの中から1つ選びなさい。

大きな変化が2015年から始まった。それは急速に拡大するモバイル検索のニーズに対応するためであり、モバイル版Googleの検索結果にはスマートフォン対応していないWebサイトは順位を落とすという[　]の実施である。

A：モバイルファーストインデックス

B：モバイルデバイスアップデート

C：モバイルサイトアップデート

D：モバイルフレンドリーアップデート

第40問

Q：次の文中の空欄[　]に入る最も適切な語句をABCDの中から1つ選びなさい。

Googleは2013年、[　]アップデートを実施して検索順位算定の中核となるコアエンジンを切り替えた。この[　]アップデートの導入により、従来の単語と単語の複合キーワードでの検索だけではなく、長文の会話調のフレーズでの検索にもGoogleは対応するようになった。

A：ハミングバード

B：パンダ

C：モバイルフレンドリー

D：ペンギン

第41問

Q：サイテーション対策に最もなりにくいものはどれか？　ABCDの中から1つ選びなさい。

A：

B：

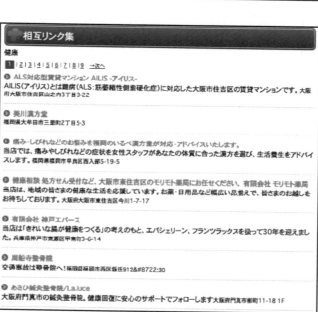

C：

D：

第42問

Q：段落を意味するタグは次のうちどれか。ABCDの中から1つ選びなさい。

A：<content>

B：<pgn>

C：<p>

D：<page>

第43問

Q：FacebookページのSEOにおける効用は何か。ABCDの中から1つ選びなさい。

A：自社サイトにリンクを張ることにより自社サイトの被リンク元が増えること

B：自社サイトと同じコンテンツを増やすことにより自社サイトの閲覧数が増えること

C：自社サイトと共同企画を実施することにより自社サイトの人気が高まること

D：自社サイトにリンクを張ることにより自社サイトのトラフィックが増えること

第44問

Q：次の文中の空欄[　]に入る最も適切な語句をABCDの中から1つ選びなさい。

URLの構成要素であるディレクトリ名は[　]とも呼ばれることがある。

A：フォルダー名

B：拡張子

C：ファイル名

D：スキーム名

第45問

Q：トップページがビッグキーワードで上位表示しやすい理由に当てはまらないものをABCDの中から1つ選びなさい。

A：トップページは通常、サイト内にあるすべてのサブページの共通点がそのテーマになっているから

B：他のサイトの運営者が自社サイトにリンクを張ってくれるときは、ほとんどの場合トップページだから

C：トップページはほとんどのサイトにおいてすべてのサブページからリンクが張られているサイト内で最もリンクがされているページだから

D：トップページはGoogleのインデックスデータベース内で最も注目されているページだから

第46問

Q：次の文中の空欄[　]に入る最も適切な語句をABCDの中から1つ選びなさい。

人間の[　]に基づいてGoogleなどの検索エンジンもそのページのテーマは何かを評価するように設計されている。

A：文書編集方法

B：コンテンツ発想方法

C：文書作成原理

D：コンテンツ作成原理

第47問

Q：サイテーション対策ではないものをABCDの中から1つ選びなさい。

A：プレスリリースを行う

B：Googleアナリティクスを設置する

C：人々が話題にしたくなるユニークな取り組みをする

D：ポータルサイト掲載にして自社ブランド名の露出を増やす

第48問

Q：次の文中の空欄[　]に入る最も適切な語句をABCDの中から1つ選びなさい。

特定の分野について総合的な情報を提供しているサイトは、[　]であるとGoogleが認識して、上位表示しやすい傾向があることが近年わかってきた。

A：人気が高いサイト

B：網羅率が高いサイト

C：利便性が高いサイト

D：権威性が高いサイト

第49問

Q：一覧ページについて正しい記述をABCDの中から1つ選びなさい。

A：特定のテーマの複数のページにリンクを張っているという性質があるために逆三角形型のキーワード分布にする必要がある。

B：特定のテーマの複数のページにリンクを張っているという性質がないために逆三角形型のキーワード分布にする必要がある。

C：特定のテーマの複数のページにリンクを張っているという性質があるために無理やり逆三角形型のキーワード分布にする必要はない。

D：特定のテーマの複数のページにリンクを張っているという性質がないために無理やり逆三角形型のキーワード分布にする必要はない。

第50問

Q：タイトルタグ、メタディスクリプション、H1の書き方として正しいものをABCDの中から1つ選びなさい。

A：なるべく少なく目標キーワードを書くようにする

B：なるべく先頭に目標キーワードを書くようにする

C：なるべく中央に目標キーワードを書くようにする

D：なるべくたくさんの目標キーワードを書くようにする

第51問

Q：次の文中の空欄[　]に入る最も適切な語句をABCDの中から1つ選びなさい。

Googleがサイトを評価する上で近年、重視するようになってきたのがページの[　]である。

A：被リンク数が増える速度
B：表示速度
C：キーワード出現頻度
D：文字数

第52問

Q：次の文中の空欄[　]に入る最も適切な語句をABCDの中から1つ選びなさい。

サイトのテーマを1つに絞り込んでテーマから逸れないコンテンツが掲載されたページを一貫してサイトに追加すると[　]の検索順位が上がりやすくなる。

A：すべてのページ
B：カテゴリページ
C：サブページ
D：トップページ

第53問

Q：サーチコンソール内の「インデックスに登録されたページの総数」を見る上で最も重要な視点はどれかABCDの中から1つ選びなさい。

A：インデックス数の増減を見ること
B：インデックス数が減っているかを見ること
C：インデックス数が増えているかを見ること
D：インデックス数が安定しているかを見ること

第54問

Q：次の文中の空欄[　]に入る最も適切な語句をABCDの中から1つ選びなさい。

[　]を使うと入力したキーワードが書かれているWebページには他にどのようなキーワードが頻出するかをGoogleの検索結果上位50サイトから抽出した頻出キーワードを知ることができる。

A：共起語ツール
B：検索アナリティクス
C：サーチコンソール
D：Googleキーワードプランナー

第55問

Q：次の文中の[A]と[B]に入る最も適切な組み合わせをABCDの中から1つ選びなさい。

[A]は入力した特定のページのみ測定するツールだが、[B]の「速度」という項目を見るとモバイル版サイトとPC版サイトそれぞれの全ページの表示速度や改善点を見ることができる。

A：[サーチコンソール][PageSpeed Insights]
B：[PageSpeed Insights][Googleアナリティクス]
C：[Googleアナリティクス][PageSpeed Insights]
D：[PageSpeed Insights][サーチコンソール]

第56問

Q：次の文中の空欄[　]に入る最も適切な語句をABCDの中から1つ選びなさい。

ページの表示速度が遅くなる原因でよくあるものとしては、[　]の2つがある。

A：サーバー会社の制約が多いということと、掲載した画像と動画の容量が大きすぎるということ
B：画像の容量が大きすぎるということと、HTML、CSS、JavaScriptのファイルに無駄なソースが多いということ
C：掲載した動画の数が多いということと、HTML内にJavaScriptとCSSが誤って記述されているということ
D：HTML、CSS、画像のファイルに無駄なソースが多いということと、サーバー会社の制約が多いということ

第57問

Q：デジタルツールは確かに便利だが、手軽に使えるということは競合他社も使っていることが多く、自社の競争優位性を担保するものではない。より自社の競争優位性を確保するためには競合他社が使いづらいツール、あるいは知らないツールを使うことが必要である。アナログ的なやり方は便利なデジタルツールとは違って手間がかかるが、それだけに競合他社が使っていないことがある。アナログ的な調査方法をABCDの中から1つ選びなさい。

A：検索エンジン
B：ソーシャルメディア
C：ポータルサイト
D：チラシ広告・カタログ

第58問

Q：次の文中の[A]と[B]に入る最も適切な組み合わせをABCDの中から1つ選びなさい。

画像の容量が大きすぎる場合は、[A]をするか、PNGやJPEG より[B]であるJPEG 2000、JPEG XR、WebPなどのフォーマットで画像を保存することをGoogleは推奨している。

A：[最適化] [最適化されたGoogleが要求する画像フォーマット]

B：[サイズの縮小] [圧縮性能が高い次世代の画像フォーマット]

C：[ロスレス圧縮] [圧縮性能が高い次世代の画像フォーマット]

D：[サイズの縮小] [最適化されたGoogleが要求する画像フォーマット]

第59問

Q：スモールキーワードで上位表示しやすいページは次のうちどれか。ABCDの中から1つ選びなさい。

A：サブページ

B：ホームページ

C：トップページ

D：カテゴリトップ

第60問

Q：次の図の中で最もクリック率が低いと思われるものをABCDの中から1つ選びなさい。

A：
> 今お読みいただいた記事は、「加齢臭を抑えるための食生活」というカテゴリーのトップページになります。
> このカテゴリーでは、「加齢臭をブロックするための食事や食材、調理方法など」についてご紹介し、分かりやすく解説させて頂いております。
>
> 以下の記事がこのカテゴリーの記事の一覧です。
> クリックして頂くと、詳細ページが表示されます。
>
> ◦ 加齢臭対策には菜食がオススメ！

B：
> このページの次に読んで頂きたいオススメ記事
> 加齢臭対策の食事と合わせて取り組みたいことが、「酸化を抑える栄養素」を摂取することです。これらを抗酸化物質と言います。
> 抗酸化物質にはどのようなものがあるのでしょうか？
> ・・・体の中から加齢臭をブロック、「抗酸化物質」

C：
> 2、年齢と共に強くなる酸化
> また、加齢と共に酸化反応が起こりやすくなってきます。
> これは、活性酸素が関係していると言われています。
> 活性酸素は体内で発生する酸素の一種で、体内に侵入した細菌などを撃退する働きがあると言われています。
>
> しかし、この活性酸素が増えすぎると、老化や生活習慣病、がんなどにつながります。
> 通常、人の体には活性酸素が過度に発生するのを抑える働きがあります。
> この働きが年齢と共に弱くなり、過度な活性酸素が発生するようになってきます。
> その結果、酸化反応につながってきます。

D：

> そんな時に、**手軽に野菜を摂れるのが野菜ジュース**です。
> 今は、一本飲むだけで一日分の野菜を摂れるようなものもありますから、ぜひ毎日の食事に
> 組み込むべきなのです。
>
> ▣ 妻から臭いと言われた方へ。サプリ1日2粒飲むだけ、最短7日間でスッキリ！無臭物
> 語ジェントルエッセンスの詳細はこちら
> ▣ 無臭物語ジェントルエッセンスで悩みを解消した体験談を見てみる

第61問

Q：次の文中の空欄[　]に入る最も適切な語句をABCDの中から1つ選びなさい。

Googleは検索回数がどのくらいあるのか、そのデータを無償で公開している。検索回数だけではなく、その検索キーワードに関連する関連キーワードは何かも公開している。これらのデータは[　]を使うと見ることができる。

A：Googleサーチコンソール
B：Googleマイビジネス
C：Googleアナリティクス
D：Googleキーワードプランナー

第62問

Q：次のパターンのキーワードは何と呼ばれるか。最も適切なものをABCDの中から1つ選びなさい。

「インプラント　大阪」、「印鑑　通販」、「軽井沢　ホテル」、「ペペロンチーノ　レシピ」、「ずわい蟹　お取り寄せ」、「腰痛　原因」、「債務整理　福岡」、「群馬　相続相談」

A：指名キーワード
B：専門キーワード
C：複合キーワード
D：指定キーワード

第63問

Q：スマートフォンサイトのレイアウトを考える上で非常に重要な概念がある。その概念はABCDの中のどれか1つ選びなさい。

A：ナビゲーションファースト、コンテンツセカンド
B：コンテンツファースト、ナビゲーションセカンド
C：リンクファースト、コンテンツセカンド
D：コンテンツファースト、リンクセカンド

第64問

Q：レンタルサーバー会社の役割として最も適切なものをABCDの中から1つ選びなさい。

A：SEOサービスの提供
B：ネット接続
C：IPアドレスの管理
D：Webサイトの公開

第65問

Q：ディレクトリ名に目標キーワードを含めるSEOの手法はどれか。ABCDの中から1つ選びなさい。

A：http://www.honda.co.jp/kids.html
B：https://www.honda.co.jp/library.php
C：http://www.honda.co.jp/
D：http://www.honda.co.jp/fleetsales/

第66問

Q：構造化データの説明として最も正しいものをABCDの中から1つ選びなさい。

A：構造化データとは、サイト内にある各ページの構造に関する情報を提供し、Googleのアルゴリズムにページの内容を理解してもらうためのデータのことである。
B：構造化データとは、サイト内にあるページとページの関係に関する情報を提供し、サイトの全体像を理解してもらうための標準化されたデータ形式のことである。
C：構造化データとは、サイト構造をGoogleのアルゴリズムに理解してもらうためのサイト構造を説明したデータのことである。
D：構造化データとは、ページに関する情報を提供し、ページコンテンツを分類するための標準化されたデータ形式のことである。

第67問

Q：内部要素の対策において3つの重要なエリアである3大エリアに含まれないものをABCDの中から1つ選びなさい。

A：タイトルタグ
B：H1タグ(1行目)
C：メタキーワーズ
D：メタディスクリプション

第68問

Q：次の文中の空欄［　］に入る最も適切な語句をABCDの中から1つ選びなさい。

スマートフォンの画面は縦だけではなく、横の幅も狭いのでテキストリンクを張るときは［　］になるようにした方が操作性が高まる。

A：2つのリンク項目につき1行
B：1つのリンク項目につき1行
C：3つのリンク項目につき1行
D：1つのリンク項目につき2行

第69問

Q：次の文中の空欄［　］に入る最も適切な語句をABCDの中から1つ選びなさい。

支店ごとにドメインネームを取得してサイトを作るときは、各支店の責任者やスタッフが更新する［　］を設置するなどしてその支店ならではの独自コンテンツを増やしていくように心がけるべきである。

A：ブログ
B：ディレクトリ
C：ソーシャルメディア
D：アカウント

第70問

Q：次の文中の空欄［　］に入る最も適切な語句をABCDの中から1つ選びなさい。

サーチコンソール内の検索パフォーマンスとGoogleアナリティクスを利用することにより自社サイトに検索エンジンからどのような［　］で流入があるかを知ることができる。

A：トラフィック
B：参照サイト
C：キーワード
D：シグナル

第71問

Q：インハウスSEOのデメリットではないものをABCDの中から1つ選びなさい。

A：自社にSEOの技術が蓄積されない
B：有効なSEOを実施する技術を持つまでに一定の時間がかかる
C：絶えず最新の技術を学ぶための研究費用がかかる
D：社内スタッフを養成する教育費用がかかる

第72問

Q：サイトがGoogleにインデックスされやすくするためのリンク対策にはいくつかの方法がある。それらに含まれないものをABCDの中から1つ選びなさい。

A：自社が運営している別ドメインのブログがある場合はそこからリンクを張ること
B：求人サイトに求人広告を出してそこからリンクを張ってもらう
C：ヤフー知恵袋に投稿して記事内からリンクを張ること
D：自社が運営している別ドメインのサイトがあればそこからリンクを張ること

第73問

Q：次の文中の空欄[　]に入る最も適切な語句をABCDの中から1つ選びなさい。

一貫したテーマの[　]を増やし専門性の高いサイトを作れば上位表示に有利になる。

A：ソーシャルメディア
B：サイト
C：被リンク
D：ページ

第74問

Q：サブドメインを用いてサイトを開いているものをABCDの中から1つ選びなさい。

A：http://nissan.co.jp/car/
B：https://nissan.co.jp/car.html
C：http://ev.nissan.co.jp/
D：http://nissan.co.jp/

第75問

Q：次の文中の空欄[　]に入る最も適切な語句をABCDの中から1つ選びなさい。

Webページには[　]の2種類がある。

A：トップページとカテゴリページ
B：通常ページと一覧ページ
C：コンテンツページとコンバージョンページ
D：特殊ページと一般ページ

第76問

Q：今日のリンク対策の注意点として最も適切なものをABCDの中から1つ選びなさい。

A：送客目的の被リンクでも絶対に購入してはならない
B：Googleに見破られない限りSEO目的の被リンクを購入することは問題はない
C：SEO目的の被リンクは絶対に購入してはならない
D：信頼性の高いサイトからのリンクならSEO目的のリンクは購入してもよい

第77問

Q：次の文中の空欄[　]に入る最も適切な語句をABCDの中から1つ選びなさい。

クリック率が高い[　]を張ることによりそのリンクをクリックするユーザーが増えて結果的にサイト滞在時間を長くすることができる。

A：外部リンク

B：トラストリンク

C：サイト内リンク

D：被リンク

第78問

Q：構造化データの説明として最も正しいものをABCDの中から1つ選びなさい。

A：構造化マークアップを行うことでサイト内の一部のページのテーマの理解が改善することはない。

B：構造化マークアップを行うことで検索順位が劇的に改善することはない。

C：構造化マークアップを行うことでGoogleによるサイトの理解が改善することはない。

D：構造化マークアップを行うことで検索結果に表示されるスニペットがユーザーに読みやすくなる。

第79問

Q：用途を表す部分はwww.bbbbb.co.jpのうちどれか。該当する部分をABCDの中から1つ選びなさい。

A：jp

B：bbbbb

C：www

D：co

第80問

Q：次の文中の空欄[　]に入る最も適切な語句をABCDの中から1つ選びなさい。

「矯正歯科」というキーワードの後に長野というシングルキーワードを加えた「矯正歯科　長野」というキーワードで検索すると約436,000件の該当ページ数にまで減少し[　]が下がる。

A：成約率

B：成功率

C：競争率

D：上位表示可能性

SEO検定（3）級　試験解答用紙

ASA
一般社団法人 全日本SEO協会
All Japan SEO Association
2021-2022

【試験時間】60分
【合格基準】得点率80%以上

フリガナ	
氏　名	

【注意事項】
1、受験する級の数字を（　）内に入れて下さい。
2、氏名とフリガナを記入して下さい。
3、解答欄から答えを一つ選び黒く塗りつぶして下さい。
4、訂正は消しゴムで消してから正しい番号を記入して下さい。
5、携帯電話、タブレット、PC、その他デジタル機器の使用、書籍類、紙等の使用は一切禁止です。試験前に必ず電源を切ってて下さい。
6、解答が終わるまで途中退席は出来ません。　7、解答が終わったらいつでも退席する事は出来ます。その場合は試験は終了になります。　8、退席する時は試験官に解答用紙と問題用紙を渡して下さい。
7、試験中に不適切な行為があると試験官が判断した場合は退席して頂きます。　その場合は試験は終了になります。
8、退席される時は試験官に解答用紙と問題用紙を渡して下さい。
9、解答用紙を試験官に渡したらその後試験の継続は出来ません。　10、同日開催される他の試験を受験する方は開始時刻の10分前までに試験会場に戻って下さい。【合否発表】合否通知は試験日より14日以内に郵送で発送します。合格者には同時に認定証を郵送も発送します。

	解答欄		解答欄		解答欄		解答欄		解答欄		解答欄
1	(A)(B)(C)(D)	15	(A)(B)(C)(D)	29	(A)(B)(C)(D)	43	(A)(B)(C)(D)	57	(A)(B)(C)(D)	71	(A)(B)(C)(D)
2	(A)(B)(C)(D)	16	(A)(B)(C)(D)	30	(A)(B)(C)(D)	44	(A)(B)(C)(D)	58	(A)(B)(C)(D)	72	(A)(B)(C)(D)
3	(A)(B)(C)(D)	17	(A)(B)(C)(D)	31	(A)(B)(C)(D)	45	(A)(B)(C)(D)	59	(A)(B)(C)(D)	73	(A)(B)(C)(D)
4	(A)(B)(C)(D)	18	(A)(B)(C)(D)	32	(A)(B)(C)(D)	46	(A)(B)(C)(D)	60	(A)(B)(C)(D)	74	(A)(B)(C)(D)
5	(A)(B)(C)(D)	19	(A)(B)(C)(D)	33	(A)(B)(C)(D)	47	(A)(B)(C)(D)	61	(A)(B)(C)(D)	75	(A)(B)(C)(D)
6	(A)(B)(C)(D)	20	(A)(B)(C)(D)	34	(A)(B)(C)(D)	48	(A)(B)(C)(D)	62	(A)(B)(C)(D)	76	(A)(B)(C)(D)
7	(A)(B)(C)(D)	21	(A)(B)(C)(D)	35	(A)(B)(C)(D)	49	(A)(B)(C)(D)	63	(A)(B)(C)(D)	77	(A)(B)(C)(D)
8	(A)(B)(C)(D)	22	(A)(B)(C)(D)	36	(A)(B)(C)(D)	50	(A)(B)(C)(D)	64	(A)(B)(C)(D)	78	(A)(B)(C)(D)
9	(A)(B)(C)(D)	23	(A)(B)(C)(D)	37	(A)(B)(C)(D)	51	(A)(B)(C)(D)	65	(A)(B)(C)(D)	79	(A)(B)(C)(D)
10	(A)(B)(C)(D)	24	(A)(B)(C)(D)	38	(A)(B)(C)(D)	52	(A)(B)(C)(D)	66	(A)(B)(C)(D)	80	(A)(B)(C)(D)
11	(A)(B)(C)(D)	25	(A)(B)(C)(D)	39	(A)(B)(C)(D)	53	(A)(B)(C)(D)	67	(A)(B)(C)(D)		
12	(A)(B)(C)(D)	26	(A)(B)(C)(D)	40	(A)(B)(C)(D)	54	(A)(B)(C)(D)	68	(A)(B)(C)(D)		
13	(A)(B)(C)(D)	27	(A)(B)(C)(D)	41	(A)(B)(C)(D)	55	(A)(B)(C)(D)	69	(A)(B)(C)(D)		
14	(A)(B)(C)(D)	28	(A)(B)(C)(D)	42	(A)(B)(C)(D)	56	(A)(B)(C)(D)	70	(A)(B)(C)(D)		

SEO検定3級
試験問題
（2021年7月・大阪）

※解答は190ページ参照

第1問

Q：次の図は何の画面か。最も適切な語句をABCDの中から1つ選びなさい。

A：海外のSEOカンファレンス
B：海外のGoogle公式情報
C：海外のSEOニュースサイト
D：海外のSEO団体公式サイト

第2問

Q：次の文中の空欄［　］に入る最も適切な語句をABCDの中から1つ選びなさい。

シングルキーワードよりも［　］キーワードのほうが多くの場合、競争率が低い傾向があるために、熟練したSEO担当者ほど［　］キーワードでの上位表示を達成して見込み客を自社サイトに集客しようとする。

A：指名
B：複合
C：シングル
D：情報

第3問

Q：次の文中の空欄[　]に入る最も適切な語句をABCDの中から1つ選びなさい。

検索エンジンがナビゲーションにおいて評価対象にしているのは[　]というタグがある部分である。

A：<P></P>

B：<H1></H1>

C：<N></N>

D：<A></A>

第4問

Q：次の文中の空欄[　]に入る最も適切な語句をABCDの中から1つ選びなさい。

専門サイトが作れずに1つのドメインネームで総合サイトを運営しなくてはならない場合は、総合サイトの中にいくつかの専門サイトのような[　]を論理的に構築して総合サイトのトップページではなく、カテゴリページを目標ページにすると上位表示しやすくなる。

A：階層構造

B：コンテンツ構造

C：メニュー構造

D：被リンク構造

第5問

Q：次の文中の空欄[　]に入る最も適切な語句をABCDの中から1つ選びなさい。

コアアップデートの実施後は、単にページのテーマを絞り込むだけでなく、[　]が上位表示するようになった。

A：検索ユーザーにインパクトを与えるページ

B：検索ユーザーに評価されるページ

C：検索ユーザーの検索意図を満たすページ

D：検索ユーザーに充実感を与えるページ

第6問

Q：次の文中の空欄[　]に入る最も適切な語句をABCDの中から1つ選びなさい。

Googleはコアアップデートを実施してから[　]は検索ユーザーの検索意図を満たしたサイトであり、短いサイトは検索意図を満たしていないサイトであると判断するようになった。

A：サイト運用歴が長いサイト

B：サイト離脱時間が長いサイト

C：権威性の高いサイトからの距離が長いサイト

D：サイト滞在時間が長いサイト

第7問

Q：次の文中の空欄[　]に入る最も適切な語句をABCDの中から1つ選びなさい。

検索エンジンで上位表示することだけを考え上位表示を目指すキーワードを詰め込んだWebページが増えるようになった。その結果、同じキーワードがむやみに書かれているユーザーにとって見にくいWebページがGoogleで上位表示する現象が増えるようになった。この問題に対応するためのアルゴリズム更新は[　]と呼ばれている。

A：ペナルティアップデート

B：ヴェニスアップデート

C：BERTアップデート

D：ペンギンアップデート

第8問

Q：H1タグについて誤った記述をABCDの中から1つ選びなさい。

A：H1タグに目標キーワードを入れると上位表示しやすくなることがある

B：H1タグは大見出しのことである

C：H1タグには目標キーワードを複数回入れるのは良くない

D：H1タグは各ページ同じことを書いたほうが上位表示しやすい

第9問

Q：次の文中の空欄[　]に入る最も適切な語句をABCDの中から1つ選びなさい。

クリック率が高い[　]を張ることによりそのリンクをクリックするユーザーが増えて結果的にサイト滞在時間を長くすることができる。

A：被リンク

B：トラストリンク

C：サイト内リンク

D：外部リンク

第10問

Q：CMSとは何の略か。次のABCDの中から1つ選びなさい。

A：Context Management System

B：Continent Management System

C：Content Management System

D：Contents Management Server

第11問

Q：URLの主な構成に含まれないものをABCDの中から1つ選びなさい。

A：ドメイン名

B：アドレス名

C：ファイル名

D：スキーム名

第12問

Q：現在のキーワード出現頻度の説明として最も正しいものをABCDの中から1つ選びなさい。

A：理想的なキーワード出現頻度はサイト運営者の種類やキーワードによって異なる

B：理想的なキーワード出現頻度はキーワードの種類やページレイアウトによって異なる

C：理想的なキーワード出現頻度はサイト運営歴やキーワードによって異なる

D：理想的なキーワード出現頻度はサイトの種類やキーワードによって異なる

第13問

Q：次の文中の空欄[　]に入る最も適切な語句をABCDの中から1つ選びなさい。

[　]が表示する関連キーワードには「交通事故　過失割合」というキーワードを含むものだけではなく、そのキーワードで検索したユーザーが一定期間内に「交通事故　過失割合」というキーワードを含まなくても関連性が高いと思われる検索したキーワードも表示されるため幅広い可能性のあるキーワードを見ることができる。それにより検索ユーザーの心の中を垣間見ることができるようになる。

A：Googleキーワードプランナー

B：キーワード予測

C：Googleアナリティクス

D：サーチコンソール

第14問

Q：次の文中の空欄[　]に入る最も適切な語句をABCDの中から1つ選びなさい。
Googleで上位表示をするためには[　]コンテンツを作り自社サイトに掲載することが必須条件になる。

A：ユーザーが求める

B：社会が求める

C：検索エンジンが求める

D：Googleが求める

第15問

Q：次の文中の空欄[　]に入る最も適切な語句をABCDの中から1つ選びなさい。
サーチコンソール内で得られるヒントについてはサーチコンソールの画面上に表示された[　]の通りに修正をするべきである。

A：画像

B：提案

C：プルダウンメニューの情報

D：グラフ

第16問

Q：次の文中の空欄[　]に入る最も適切な語句をABCDの中から1つ選びなさい。

ほとんどの固有名詞はGoogleにより翻訳されるので[　]とGoogleに解釈されることがわかっている。

A：英語で書いても、ひらがなで書いても同じ意味だ

B：カタカナ英語で書いたときと、英語で書いたときは違う意味だ

C：スラング英語で書いても、公式英語で書いても同じ意味だ

D：カタカナ英語で書いても、英語で書いても同じ意味だ

第17問

Q：次の文中の空欄[　]に入る最も適切な語句をABCDの中から1つ選びなさい。

<title>と</title>のタグで囲われた部分にそのページの[　]記述することがWebデザインの基本になっている。

A：タイトルを詳しく

B：タイトルを端的に

C：テーマを端的に

D：テーマを詳しく

第18問

Q：次の文中の空欄[A]と[B]に入る最も適切な組み合わせをABCDの中から1つ選びなさい。

Googleの特許によると[A]は高く評価され、[B]は高く評価されないということである。

A：[陽性リンク][陰性リンク]

B：[陰性リンク][陽性リンク]

C：[被リンク][発リンク]

D：[発リンク][被リンク]

第19問

Q：いくつかの業種においては通常の文字数の2倍かそれ以上文字を書かないと中々上位表示しにくいということがわかってきた。それらの業種に含まれないものをABCDの中から1つ選びなさい。

A：医療・健康・美容業界

B：その他技術系の業界

C：法律業界

D：コンテンツ業界

第20問

Q：次の図は何の画面か。最も適切な語句をABCDの中から1つ選びなさい。

A：アレクサ無料版の流入データ

B：シミラーウェブ有料版の流入データ

C：シミラーウェブ無料版の流入データ

D：Googleアナリティクスの流入データ

第21問

Q：ALT属性について最も適切な説明をABCDの中から1つ選びなさい。

A：ALT属性には画像についての詳細な説明を文字で記述する

B：ALT属性には画像についての端的な説明を単語で記述する

C：ALT属性には画像についての端的な説明を連語で記述する

D：ALT属性には画像についての端的な説明を文字で記述する

第22問

Q：次のように検索キーワードを変化させたものを何と呼ぶか。ABCDの中から1つ選びなさい。

スマートフォン → スマホ

ネットゲーム → ネトゲー

2ちゃんねる → 2ch

パソコン → PC

A：短縮形

B：変化形

C：ショート形

D：シンプル型

第23問

Q：次の文中の空欄[　]に入る最も適切な語句をABCDの中から1つ選びなさい。

多様化する検索ニーズに対応するため、従来のWebページだけでなく画像、動画、地図、ニュース、ショッピング情報、アプリ、書籍など、多様な形態のコンテンツを検索可能にするものを[　]と呼ぶ。

A：ユニバーサルサーチ

B：ワールドサーチ

C：バーティカルサーチ

D：ホーリゾンタルサーチ

第24問

Q：サイトがGoogleにインデックスされやすくするためのリンク対策にはいくつかの方法がある。それらに含まれないものをABCDの中から1つ選びなさい。

A：自社が運営している別ドメインのサイトがあればそこからリンクを張ること

B：求人サイトに求人広告を出してそこからリンクを張ってもらう

C：自社が運営している別ドメインのブログがある場合はそこからリンクを張ること

D：ヤフー知恵袋に投稿して記事内からリンクを張ること

第25問

Q：次の文中の空欄[　]に入る最も適切な語句をABCDの中から1つ選びなさい。

[　]はWebサイトがどのくらいのユーザーに実際に閲覧されているかサイトのトラフィック量（アクセス数）をGoogleが直接的、間接的に測定しており特定のWebサイトの検索順位が上がるというメカニズムである。

A：技術要素

B：外部要素

C：内部要素

D：企画・人気要素

第26問

Q：次の文中の空欄[　]に入る最も適切な語句をABCDの中から1つ選びなさい。

[　]というのはGoogleがサイト内のページの情報を読み取れなかったことをいう。

A：クロールエラー

B：レジストリーエラー

C：インデックスエラー

D：登録エラー

第27問

Q：パンくずリストの使い方について正しい説明をABCDの中から1つ選びなさい。

A：無理やりキーワードを詰め込み、ユーザーがそれによって迷子にならないように
キーワードをパンくずリストの部分に含める

B：無理やりキーワードを詰め込むのではなく、ユーザーにわかりやすいシンプルな
文言をパンくずリストの部分に含める

C：なるべくたくさんのキーワードを詰め込み、ユーザーにはっきりとわかるような
文言をパンくずリストの部分に含める

D：なるべくたくさんのキーワードを詰め込み、長めの文言をパンくずリストの部分
に含める

第28問

Q：次の文中の空欄[　]に入る最も適切な語句をABCDの中から1つ選びなさい。

[　]が多いキーワードばかりを狙うのではなく、中くらいのものや少ないものも目標化して全体としてバランスのとれた目標を設定することがSEO成功の重要ポイントになる。

A：上位表示可能性
B：上位表示性
C：平均訪問者数
D：平均月間検索数

第29問

Q：次の文中の空欄[　]に入る最も適切な語句をABCDの中から1つ選びなさい。

サーチコンソールに自社サイトを登録するにはいくつか方法がある。最もシンプルな方法は、Googleが指定したHTMLファイルをダウンロードして、そのHTMLファイルを自社サイトのサーバーにFTPソフトを使いアップロードし[　]をする方法がある。

A：本人認証
B：サイト認識
C：企業登録
D：管理申請

第30問

Q：次の文中の空欄[　]に入る最も適切な語句をABCDの中から1つ選びなさい。

[　]の例としては「ノートパソコン　通販」、「相続　弁護士　大阪」などのキーワードがあり、この種類の検索キーワードは全検索のうち約1割を占める。

A：情報検索(Informational Queries)
B：購入検索(Transactional Queries)
C：指名検索(Navigational Queries)
D：推定検索(Estimational Queries)

第31問

Q：サイテーション対策ではないものをABCDの中から1つ選びなさい。

A：プレスリリースを行う

B：ポータルサイト掲載にして自社ブランド名の露出を増やす

C：Googleアナリティクスを設置する

D：人々が話題にしたくなるユニークな取り組みをする

第32問

Q：次の文中の空欄[　]に入る最も適切な語句をABCDの中から1つ選びなさい。

1位から10位のすべてのページはインプラントに関する解説ページで、一部例外を除いて「インプラント」のキーワード出現頻度は2%台から3%台だった場合、「インプラント」で上位表示させるための理想的なキーワード出現頻度は[　]ということになる。

A：1%台から2%台

B：2%台から3%台

C：3%台から4%台

D：4%台から6%台

第33問

Q：次の文中の空欄[　]に入る最も適切な語句をABCDの中から1つ選びなさい。

タイトルタグというのはHTMLページの比較的[　]の方に記述されているそのページの内容を指し示すタグである。

A：下

B：上

C：中間

D：全体

第34問

Q：次の文中の空欄[　]に入る最も適切な語句をABCDの中から1つ選びなさい。

Googleキーワードプランナーで表示される各関連キーワードのGoogleアドワーズ広告の推奨入札金額も表示されるので上位表示を目指す際に高額な競争率の高いキーワードを[　]ための手がかりになる。

A：計算する

B：表示する

C：事前に避ける

D：狙う

第35問

Q：次の文中の空欄[　]に入る最も適切な語句をABCDの中から1つ選びなさい。

[　]の部分に積極的に目標キーワードを含めることが1つのSEOテクニックとして使われることがある。

A：サブドメイン

B：サブナビゲーション

C：サブリンク

D：サブコンテンツ

第36問

Q：Googleが検索サービスの改善に役立てるのに使用しているものをABCDの中から1つ選びなさい。

A：クッキー

B：プライバシーポリシー

C：セキュリティ技術

D：セキュリティ証明書

第37問

Q：IPアドレスの本質的な意味はどれか。最も適切なものをABCDの中から1つ選びなさい。

A：サーバー会社

B：管理番号

C：住所番号

D：サーバー格納場所

第38問

Q：次の文中の空欄[　]に入る最も適切な語句をABCDの中から1つ選びなさい。

近年、Googleは検索結果の情報をSSL化して暗号化したためにGoogleからの流入キーワードはサイト管理者用の無料ツールである[　]に自社サイトを登録して連動しなくては表示されなくなった。

A：Googleキーワードプランナー

B：Googleアナリティクス

C：サーチコンソール

D：SEOツール

第39問

Q：次の文中の空欄[　]に入る最も適切な語句をABCDの中から1つ選びなさい。

網羅率を高めるには[　]で関連キーワードを調査することが有効である。

A：Keyword Tool

B：Keyword Planners

C：Keyword Survey

D：Keyword Optimization

第40問

Q：次の文中の空欄［　］に入る最も適切な語句をABCDの中から1つ選びなさい。

小さいサイトはページ数が少なく情報量が少ないのでたまたま特定のキーワードでだけ上位表示することはあるが、サイトの［　］は少ない傾向がある。

A：コンテンツ量
B：アクセス数
C：被リンク数
D：エンゲージメント

第41問

Q：次の図は何の画面か。最も適切な語句をABCDの中から1つ選びなさい。

A：ドリームウィーバー
B：ホームページビルダー
C：ワードプレス
D：テキストエディタ

第42問

Q：静的ページは次のうちどれかABCDの中から1つ選びなさい。

A：http://php.aaaaa.co.jp/shouhin.php
B：http://www.aaaaa.co.jp/shouhin.html
C：http://www.aaaaa.co.jp/shouhin.cgi
D：https://www.aaaaa.co.jp/php.asp

第43問

Q：次の文中の空欄[　]に入る最も適切な語句をABCDの中から1つ選びなさい。

競争率が高い目標キーワードであればあるほど[　]上位表示されやすい傾向がある。

A：通常ページよりも一覧ページの方が

B：一覧ページよりも通常ページの方が

C：トップページよりもカテゴリページの方が

D：下層ページよりも中層ページの方が

第44問

Q：2つ目のキーワード分類法は3つある。それに含まれないものをABCDの中から1つ選びなさい。

A：短文キーワード

B：複合キーワード

C：シングルキーワード

D：長文検索

第45問

Q：サイト内の内部リンク構造の最適化にはいくつかの重要ポイントがある。それらに含まれないものをABCDの中から1つ選びなさい

A：関連性の高いページへのサイト内リンク

B：ソーシャルメディアに投稿された記事内容

C：画像のALT属性

D：わかりやすいナビゲーション

第46問

Q：次の文中の空欄[　]に入る最も適切な語句をABCDの中から1つ選びなさい。

Googleやヤフーで[　]検索を行い、表示される検索結果ページの広告欄、自然検索結果欄を見ると、競合他社がどのような[　]を狙っているかがわかり、たくさんの参考になる[　]を見つけることができる。

A：類似語

B：トラフィック

C：画像

D：キーワード

第47問

Q：次の文中の空欄[　]に入る最も適切な語句をABCDの中から1つ選びなさい。

Googleは[　]という検索ユーザーが不審に思うサイトを通報するツールから寄せられる大量の苦情からも不審なリンクを見つけるための情報収集をしている。

A：お問い合わせフォーム

B：スパムレポートフォーム

C：通報フォーム

D：苦情申し立てフォーム

第48問

Q：次の文中の空欄[　]に入る最も適切な語句をABCDの中から1つ選びなさい。

スマートフォンの画面は縦だけではなく、横の幅も狭いのでテキストリンクを張るときは[　]になるようにした方が操作性が高まる。

A：1つのリンク項目につき2行
B：1つのリンク項目につき1行
C：3つのリンク項目につき1行
D：2つのリンク項目につき1行

第49問

Q：外部要素には3つのものがある。外部要素に含まれないものをABCDの中から1つ選びなさい。

A：ソーシャルメディアからの流入
B：リンク元の数と質
C：コンテンツ
D：サイテーション

第50問

Q：次の文中の空欄[　]に入る最も適切な語句をABCDの中から1つ選びなさい。

[　]専門サイトを複数作ると、どちらかの専門サイトがGoogleからペナルティを受けるか、両方共ペナルティを受けてしまいどちらも上位表示できなくなることがある。

A：内容が上級者向けの
B：内容が似通っている
C：内容がわかりやすい
D：内容が難しい

第51問

Q：次の文中の空欄[　]に入る最も適切な語句をABCDの中から1つ選びなさい。

PageSpeedInsightsのスコアは100点満点だが、Googleで上位表示を目指すには[　]を取る必要がある。

A：少なくとも50から89点の範囲のスコア
B：90から100点の範囲のスコア
C：少なくとも競合他社よりも高いスコア
D：Googleが示す基準値よりも高いスコア

第52問

Q：スモールキーワードで上位表示しやすいページは次のうちどれか。ABCDの中から1つ選びなさい。

A：カテゴリトップ
B：ホームページ
C：トップページ
D：サブページ

第53問

Q：次の文中の[A]と[B]に入る最も適切な組み合わせをABCDの中から1つ選びなさい。

画像の容量が大きすぎる場合は、[A]をするか、PNGやJPEGより[B]であるJPEG 2000、JPEG XR、WebPなどのフォーマットで画像を保存することをGoogleは推奨している。

A：[最適化] [最適化されたGoogleが要求する画像フォーマット]
B：[サイズの縮小] [圧縮性能が高い次世代の画像フォーマット]
C：[ロスレス圧縮] [圧縮性能が高い次世代の画像フォーマット]
D：[サイズの縮小] [最適化されたGoogleが要求する画像フォーマット]

第54問

Q：構造化データの説明として最も正しいものをABCDの中から1つ選びなさい。

A：構造化データとは、サイト内にある各ページの構造に関する情報を提供し、Googleのアルゴリズムにページの内容を理解してもらうためのデータのことである。
B：構造化データとは、サイト内にあるページとページの関係に関する情報を提供し、サイトの全体像を理解してもらうための標準化されたデータ形式のことである。
C：構造化データとは、サイト構造をGoogleのアルゴリズムに理解してもらうためのサイト構造を説明したデータのことである。
D：構造化データとは、ページに関する情報を提供し、ページコンテンツを分類するための標準化されたデータ形式のことである。

第55問

Q：スマートフォンサイトのレイアウトを考える上で非常に重要な概念がある。その概念はABCDの中のどれか1つ選びなさい。

A：コンテンツファースト、リンクセカンド
B：コンテンツファースト、ナビゲーションセカンド
C：リンクファースト、コンテンツセカンド
D：ナビゲーションファースト、コンテンツセカンド

第56問

Q：次の文中の空欄[　]に入る最も適切な語句をABCDの中から1つ選びなさい。

Facebook、Twitter、LINE公式アカウントなどのソーシャルメディアから自社サイト内にあるインデックスしてほしいWebページにリンクを張って紹介することによりそれらの[　]が増える。

A：ページのページランク
B：ページの価値
C：ページへのアクセス数
D：ページのトラストランク

第57問

Q：キーワード出現頻度の公式として正しいものをABCDの中から1つ選びなさい。

A：特定の単語が書かれている回数÷Webページ内に書かれている単語の総数÷100
B：特定の単語が書かれている回数÷正味有効テキスト内に書かれている単語の総数×100
C：特定の単語が書かれている回数÷正味有効テキスト内に書かれている単語の総数÷100
D：特定の単語が書かれている回数÷Webページ内に書かれている単語の総数×100

第58問

Q：次の文中の空欄[　]に入る最も適切な語句をABCDの中から1つ選びなさい。

シミラーウェブのデータは世界の有名インターネットプロバイダーから購入したネットユーザーの行動履歴や、無数の無料ソフトをインストールしたユーザーの行動履歴などを収集、解析して作られたもので[　]を使ったGoogleアナリティクスなどのアクセス解析ログでは収集ができないデータまでかなりの精度の高さで記録することができるものである。

A：データ解析
B：調査データ
C：クッキー技術
D：行動データ

第59問

Q：訪問者数を増やす率が最も高いキーワードは次のうちどれか。ABCDの中から1つ選びなさい。

A：指名検索(Navigational Queries)
B：購入検索(Transactional Queries)
C：推定検索((Estimational Queries)
D：情報検索(Informational Queries)

第60問

Q：次の4つのページの中で正味有効テキストが最も多いページはどれか。ABCDの中から1つ選びなさい。

A：

B：

Q2．私は貴病院から遠方に住んでいますが、
どうすればその不便さをうまくこなせるでしょうか？
→遠方の患者さんの場合は？

Q3．他院でオペを受けたらこれまでお世話になった循環器内科の先生に見捨てられないでしょうか？
→お答えはこちら

Q4．今後そちらでかかりつけ医としてずっと外来通院したいのですが、、、
→かかりつけ医の大切さ

Q5．現在通っている病院では心配なのでセカンドオピニオンをもらいたいのですが、、、

→セカンドオピニオンのもらい方

Q6．付き添いは必要ですか？
→付き添いさんについて

Q7．私は80歳近い後期高齢者だし、もう生きる意味があるんでしょうか？
→ 後期高齢者の患者さん

C:

筒井さん：「保険関係の仕事をしていることから、私は自己破産をするわけにはいきません。

感情的には許せない部分が大きいですが、住宅ローンを組む際は正直そこまで想定していなかったので、仕方がないと今は思います。とにかく、無事に解決できてよかったです」

▲ケース一覧に戻る

離婚前後の任意売却　よく頂く質問

質問（1）　離婚のタイミングで連帯保証人から外れることはできますか？
質問（2）　別れた夫が知らない間に住宅ローンを滞納していました。引っ越さないといけない？
質問（3）　名義人の元夫が住宅ローンを滞納。連絡が取れません。任意売却は可能でしょうか？
質問（4）　別れた妻（連帯保証人）が住む家を任意売却したいのですが・・・
質問（5）　返済が厳しいのに売却しない夫。離婚したいが・・・。
質問（6）　離婚します。その後の住宅ローンが気になります。
質問（7）　元夫が住宅ローン滞納。その家に住んでいるのですが。
質問（8）　任意売却をするのに元夫に現住所を知られたくない。
質問（9）　元夫が任意売却をします。連帯保証人の私はどうなりますか。
質問（10）　住宅ローンが残っていますが、離婚後にできるだけ多くお金を残すマンションの売り方は？
質問（11）　離婚後、妻が管理費を滞納したら？住宅ローンが残っている場合、離婚前の名義書き換えは？

D:

上記の通り、イラストレーター以外は、こちらで原稿作成いたしますが、
書体はこちらにある近似書体になりますのでご了承ください。
ロゴやイラストがある場合はトレース料(3,000円/1点)がかかります。

原稿は1案（書体や色違いなら3案まで）お出し致します。
修正は何度でも無料です。
提案をご希望される方は、デザイナーズプランをご検討下さい。

なお文字数が多い原稿は、テキストデータの入稿をお願いする場合がございますのでご了承下さい。
当社で入力する場合は別途テキスト入力料金がかかります。

以下に、それぞれのソフトでご入稿いただく際の注意点を書いておりますので参考になさってください。

第61問

Q：「名古屋　弁護士」で上位表示するにあたり、最も不利なドメイン名はどれか。
ABCDの中から1つ選びなさい。

A：www.nagoya-tanaka.co.jp
B：www.satoujimsuho.net
C：www.bengoshi-cunsultation.com
D：www.nagoya-bengoshi.net

第62問

Q：リストタグは箇条書きになる部分に使うタグでGoogleなどの検索エンジンに箇条書きであることを伝えるタグである。リストタグではないものはどれかABCDの中から1つ選びなさい。

A：＜li＞

B：＜ul＞

C：＜ls＞

D：＜ol＞

第63問

Q：次の文中の空欄[　]に入る最も適切な語句をABCDの中から1つ選びなさい。

検索ユーザーがより短時間で探している情報を見つけやすいように補助するものを[　]と呼ぶ。

A：キーワードサジェスト

B：キーワードソフト

C：キーワードツール

D：キーワードプランナー

第64問

Q：次の文中の空欄[　]に入る最も適切な語句をABCDの中から1つ選びなさい。

[　]の特徴は、特別な開発環境は必要とせず、HTMLファイルに書き込むだけで簡単に実行できることである。そしてそれは主にマウスの動きにあわせてデザインが変化する動作や、単純な計算などを実現することができる。

A：JavaScript

B：Java

C：GUIスクリプト

D：PerlScript

第65問

Q：次の文中の空欄[　]に入る最も適切な語句をABCDの中から1つ選びなさい。

もしもインデックス数が減っている傾向にあるならばサイト内のページをサイト管理者自らが削除していない限り、Googleがサイト内で評価している[　]が減っているということになる。

A：リンク数

B：ページランクの数値

C：サイト数

D：ページ数

第66問

Q：次の文中の空欄[　]に入る最も適切な語句をABCDの中から1つ選びなさい。

[　]実施後にクエリと関連性の高いページの検索順位が上がり、関連性の低いページの検索順位が下げられるようになった。

A：ペンギンアップデート

B：BERTアップデート

C：コアアップデート

D：パンダアップデート

第67問

Q：ナビゲーションというのはWebページ内のメニューのことである。ナビゲーションに含まれないものをABCDの中から1つ選びなさい。

A：サイドメニュー

B：ヘッダーメニュー

C：トップメニュー

D：フッターメニュー

第68問

Q：次の文中の空欄[　]に入る最も適切な語句をABCDの中から1つ選びなさい。

独自ドメインを持つメリットとしては空きがある限り自由にドメイン名を決めることができるので自社の社名や商品名などのブランド名をドメイン名にしたものを持つことができるため[　]に役立てることができることである。

A：リスティング

B：プランニング

C：エンゲージメント

D：ブランディング

第69問

Q：次の文中の空欄[　]に入る最も適切な語句をABCDの中から1つ選びなさい。

画像の[　]記述箇所にリンク先の内容を具体的な形で記述してリンクを張るようにするとリンク先のページが[　]記述箇所に入れたキーワードで上位表示しやすくなる。

A：ALT属性

B：詳細属性

C：TITLE属性

D：内容属性

第70問

Q：Googleが被リンクを検索順位算定する際にモデルにしているものはどれか。
ABCDの中から1つ選びなさい。

A：インターネット技術
B：情報工学の理論
C：学術論文
D：人工知能

第71問

Q：専門サイトを作る上でリスクを回避してSEO効果を最大化する方法はどれか。
ABCDの中から1つ選びなさい。

A：1業務＝1サイト
B：1地域＝1サイト
C：1企業＝1サイト
D：1運営者＝1サイト

第72問

Q：次の文中の空欄[　]に入る最も適切な語句をABCDの中から1つ選びなさい。

Googleなどのロボット型検索エンジンの黎明期には、検索ユーザーの検索スキルが
未熟であったため[　]キーワードで検索するユーザーが多い傾向があった。

A：ミス
B：一般
C：情報
D：シングル

第73問

Q：次の文中の空欄[　]に入る最も適切な語句をABCDの中から1つ選びなさい。

サイト内に文字コンテンツの内容が重複しているページが複数ある場合は[　]タグを
ヘッダー部分に張るとオリジナルのページだけ評価対象になり、そのページに類似し
たページは評価対象から除外してもらうことができる。

A：canoniical
B：cannonical
C：canonical
D：canonicall

第74問

Q：「名古屋　賃貸」で上位表示を目指す上で最も効果的で安全なものはどれか。ABCDの中から1つ選びなさい。

A：http://www.nagoya-chintai.com/nagoya/chintai/nagoya.html

B：http://www.nagoya.com/chintai-nagoya/

C：http://www.nagoya-chintai.com/

D：http://www.nagoya-chintai.com/chintai/chintai-nagoya/chintai.html

第75問

Q：次の文中の空欄［　］に入る最も適切な語句をABCDの中から1つ選びなさい。

Googleは2013年、［　］アップデートを実施して検索順位算定の中核となるコアエンジンを切り替えた。この［　］アップデートの導入により、従来の単語と単語の複合キーワードでの検索だけではなく、長文の会話調のフレーズでの検索にもGoogleは対応するようになった。

A：ペンギン

B：パンダ

C：モバイルフレンドリー

D：ハミングバード

第76問

Q：次の検索キーワードの中で指名検索（Navigational Queries）と呼ばれるものはどれか。ABCDの中から1つ選びなさい。

A：楽天　プリン

B：美容院　大阪

C：腰痛の原因

D：梅干し　通販

第77問

Q：トップページについて当てはまらないものはどれか。ABCDの中から1つ選びなさい。

A：最上層のページ

B：表紙ページ

C：最下層のページ

D：インデックスページ

第78問

Q：鈴木食品という文言が書かれている画像のALT属性に含めるべき最も適切な記述はどれか。鈴木食品は「生ハム　通販」というキーワードで上位表示を目指している。ABCDの中から1つ選びなさい。

A：<img src="images/footer_logo.jpg" alt="生ハムの鈴木食品" border="1">

B：<img src="images/footer_logo.jpg" alt="生ハム 通販 鈴木食品" border="1">

C：<img src="images/footer_logo.jpg" alt="生ハムの通販なら鈴木食品" border="1">

D：<img src="images/footer_logo.jpg" alt="鈴木食品" border="1">

第79問

Q：次の文中の空欄［　］に入る最も適切な語句をABCDの中から1つ選びなさい。

Googleが提供している企業・団体用のソーシャルメディアは［　］と呼ばれている。記事を投稿しそこから自社サイトにリンクを張ることにより自社サイトのトラフィックが増えることが期待できる。

A：Googleマイソーシャル

B：Google+

C：Googleマイショップ

D：Googleマイビジネス

第80問

Q：次の文中の空欄［　］に入る最も適切な語句をABCDの中から1つ選びなさい。

本をネットで買おうと思ったときはGoogleで「本　通販」という普通名詞で検索するのではなく、［　］の「アマゾン」で検索するユーザーが増えている。

A：形式名詞

B：代名詞

C：固有名詞

D：転成名詞

AJSA 一般社団法人 全日本SEO協会®
All Japan SEO Association

2021-2022

SEO検定（3）級　試験解答用紙

フリガナ	
氏　名	

【試験時間】　60分
【合格基準】　得点率80%以上

【注意事項】
1. 受験する級の数字を（　）内に入れて下さい。
2. 氏名とフリガナを記入して下さい。
3. 解答欄から答えを一つ選び黒く塗りつぶして下さい。
4. 訂正は消しゴムで消してから正しい番号を記入して下さい。
5. 携帯電話、タブレット、PC、その他のデジタル機器の使用、書籍類、紙等の使用は一切禁止です。試験前に必ず電源を切って下さい。
6. 試験中不適切な行為があると試験官が判断した場合は退席して頂きます。その場合試験は終了になります。
7. 解答が終わったらいつでも退席は出来ます。8. 退席する時は試験官に解答用紙と問題用紙を渡して下さい。
9. 解答が終わるまで途中退席は出来ません。10. 同日開催される他の試験を受験する方は開始時刻の10分前までに試験会場に戻って下さい。【合否発表】合否通知は試験日より14日以内に発送します。合格者には同時に認定証も郵送します。

SEO検定（　）級　試験解答用紙

AJSA 一般社団法人 全日本SEO協会
All Japan SEO Association
2021-2022

フリガナ

氏　名

【試験時間】60分
【合格基準】得点率80%以上

【注意事項】
1. 受験する級の数字を（　）内に入れて下さい。
2. 氏名とフリガナを記入して下さい。
3. 解答欄から答えを一つ選び黒く塗りつぶして下さい。
4. 訂正は消しゴムで消してから正しい番号を記入して下さい。
5. 携帯電話、タブレット、PC、その他デジタル機器の使用、書籍類、紙筆の使用は一切禁止です。試験前に必ず電源を切って下さい。その他不適切な行為があると試験官が判断した場合は退席して頂きます。
6. 解答中不適切な行為があると試験官が判断した場合は途中退席は出来ません。
7. 解答が終わったらいつでも退席出来ます。8. この解答用紙は試験官に解答用紙と問題用紙を渡して下さい。
8. 解答が終わるまで途中退席は出来ません。10. 同日開催される他の試験を受験する方は開始時刻の10分前までに試験会場に戻って下さい。
9. 解答用紙を試験官に渡したらその後の試験の継続は出来ません。
【合格発表】合格通知は試験日より14日以内に郵送に配送します。合格者には同時に郵送します。

	解答欄		解答欄		解答欄		解答欄		解答欄	
1	A B C D	15	A B C D	29	A B C D	43	A B C D	57	A B C D	71	A B C D
2	A B C D	16	A B C D	30	A B C D	44	A B C D	58	A B C D	72	A B C D
3	A B C D	17	A B C D	31	A B C D	45	A B C D	59	A B C D	73	A B C D
4	A B C D	18	A B C D	32	A B C D	46	A B C D	60	A B C D	74	A B C D
5	A B C D	19	A B C D	33	A B C D	47	A B C D	61	A B C D	75	A B C D
6	A B C D	20	A B C D	34	A B C D	48	A B C D	62	A B C D	76	A B C D
7	A B C D	21	A B C D	35	A B C D	49	A B C D	63	A B C D	77	A B C D
8	A B C D	22	A B C D	36	A B C D	50	A B C D	64	A B C D	78	A B C D
9	A B C D	23	A B C D	37	A B C D	51	A B C D	65	A B C D	79	A B C D
10	A B C D	24	A B C D	38	A B C D	52	A B C D	66	A B C D	80	A B C D
11	A B C D	25	A B C D	39	A B C D	53	A B C D	67	A B C D		
12	A B C D	26	A B C D	40	A B C D	54	A B C D	68	A B C D		
13	A B C D	27	A B C D	41	A B C D	55	A B C D	69	A B C D		
14	A B C D	28	A B C D	42	A B C D	56	A B C D	70	A B C D		

■編者紹介

一般社団法人全日本SEO協会

2008年SEOの知識の普及とSEOコンサルタントを養成する目的で設立。会員数は600社を超え、認定SEOコンサルタント270名超を養成。東京、大阪、名古屋、福岡など、全国各地でSEOセミナーを開催。さらにSEOの知識を広めるために「SEO for everyone! SEO技術を一人ひとりの手に」という新しいスローガンを立ててSEOの検定資格制度を2017年3月から開始。同年に特定非営利活動法人全国検定振興機構に加盟。

●テキスト編集委員会

【監修】古川利博／東京理科大学工学部情報工学科教授
【執筆】鈴木将司／一般社団法人全日本SEO協会代表理事
【特許・人工知能研究】郡司武／一般社団法人全日本SEO協会特別研究員
【モバイル・システム研究】中村義和／アロマネット株式会社代表取締役社長
【構造化データ研究】大谷将大／一般社団法人全日本SEO協会 特別研究員

編集担当 ： 吉成明久 / カバーデザイン ： 秋田勘助（オフィス・エドモント）

SEO検定 公式問題集 3級 2022・2023年版

2022年3月31日　初版発行

編　者	一般社団法人全日本SEO協会	
発行者	池田武人	
発行所	株式会社　シーアンドアール研究所	
	新潟県新潟市北区西名目所4083-6（〒950-3122）	
	電話　025-259-4293　　FAX　025-258-2801	
印刷所	株式会社　ルナテック	

ISBN978-4-86354-378-2 C3055